老年休闲生活系列

老人养狗实用手册

LAO REN DE YANG GOU
SHI YONG SHOU CE

杨文忠　编著

U0314123

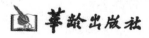
华龄出版社

责任编辑：程　扬　李英卓

责任印制：李未圻

封面设计：天佑书香

图书在版编目（CIP）数据

老人养狗实用手册 /杨文忠编著. -- 北京：华龄出版社，
2014.2
　ISBN 978-7-5169-0312-4

　Ⅰ.①老…　Ⅱ.①杨…　Ⅲ.①犬—驯养—手册
Ⅳ.①S829.2-62.

中国版本图书馆CIP数据核字（2014）第302678号

书　　名：	老人养狗实用手册
作　　者：	杨文忠　编著
出版发行：	华龄出版社
印　　刷：	北京画中画印刷有限公司
版　　次：	2014年5月第1版　2014年5月第1次印刷
开　　本：	710×1000　1/16　印　张：8.5
字　　数：	94千字
定　　价：	20.00元

地　　址：北京西城区鼓楼西大街41号　　邮编：100009

电　　话：84044445（发行部）　　传真：84039173

网　　址：http://www.hualingpress.com

前　言

　　狗是人类最忠实的朋友，它不仅憨态可掬，还善解人意，为人们的生活增添了许多情趣。在"爱狗迷"中，老人占的比例越来越大。

　　儿女成家了，由于工作、生活等原因，不能与老人生活在一起，孤独、寂寞是老人生活的真实写照，他们需要有人陪，需要找点乐子，需要让生活丰富多彩些，于是，很多老人选择了养狗。的确，没有哪一种动物能像狗一样，给老人带来那么多的快乐。

　　亲爱的老年朋友，如果您有养一只狗的打算，您会怎样对它？它仅仅是您寂寞时的玩伴吗？您有精力照顾它吗？养它会花掉您一定的银子，您是否有这样的承受能力？您的家人是否和您一样爱它，接受它？在您打算养一只狗之前，就要做好充分的准备，因为一旦养了它，就要照顾它，不抛弃，不放弃。

　　"养狗就是给自己找个伴"，很多老人抱着这样的想法选择养狗，既然是找伴儿，就得找适合自己个性、爱好和生活习惯的，

这样才会得其所乐，不然就会反受其累。狗的种类有上百种，每种狗的性格或有不同，有顽皮、活泼、喜欢运动的，也有沉静高雅、不爱运动的，狗的性格和主人越相近，相处起来就越融洽，彼此的感情也容易培养。所以，在准备养狗之前，您还需要了解一些有关狗的种类和习性的知识，选择适合自己的，真正"志同道合"的伴儿。

好了，现在一切准备就绪，您已经把小狗抱回了家，您和它的快乐生活即将拉开序幕，此时，您是否又发现不知道该如何照顾它，该喂它什么，如何给它做清洁美容？它生病了怎么办？它不听话，又该怎么"教育"它呢……

一连串的问题摆在面前，是不是让您不知所措？没关系，从这里开始，您将从陌生到熟悉，从不知到了解，一步步走进它们的世界，也带着它们走进我们人类的世界。

本书作为一本实用而新颖的养狗入门手册，为爱狗的老年朋友详细介绍了养狗需要做哪些准备工作、如何挑选适合自己的狗、如何照顾、训练它，当它生病了该如何处理，以及适合老人饲养的、比较常见的狗的品种及饲养知识，内容详实、具体，方法易于操作，是老人初次养狗的指南书籍。

通过阅读此书，您将了解到更多的养狗知识，获得更多养狗的快乐，同时也祝福您在狗的陪伴下度过幸福快乐的晚年！

CONTENTS 目录

老 人 养 狗 实 用 手 册

 第一章 **养狗，您准备好了吗**

第二章　好狗难觅，教您伯乐相狗

第三章　照顾家庭"新成员"

第四章 听话的狗是训练出来的

第六章 认领一只适合您的狗

第一章

养狗，您准备好了吗

老人养狗的好处

大家都知道，人到晚年又无人陪伴是孤独的，如何才能不让老人感到孤寂呢？那么，不妨养只狗吧，它能带来的乐趣超乎想象。

1. 老人养狗有助于排解寂寞时光

老人有时会像孩子一样，情绪变化无常，加上身体日益脆弱，他们希望儿女们能够时常伴随左右。但现实是，很多子女因工作原因，不能常常陪伴老人，有的还与老人异地而居，所以，老人常常感到孤独寂寞。

如果有只小狗陪伴在老人身边，就能给老人带来很多乐趣，它就像老人的一个伙伴，高兴事、伤心事都可以跟它唠叨，与老人分享快乐、分担忧愁。

养狗除了增加主人活动身体的机会，还增进了与其他狗主人的接触，也加强了人际交往，间接促进身心健康。对老人而言，养只狗可以安抚他们在子女长大离家后的孤独感，满足他们需要陪伴的心理。

2. 有助于治疗某些心理疾病

老人生活圈子相对较小，或多或少都有些心理疾病，比如老年自闭症、焦虑症等。患有自闭症的老人通过抚摸狗、与狗交谈，可以初步得到社交的自信，从而使老人逐渐走出自我封闭的小圈子，建立正常的人际关系。

美国某大学的一项研究证明，老人有狗的相伴能消除压力、缓解紧张情绪，帮助实现生理上的深度休息。

3. 狗是老人健康的守护者

在英国，有一位患有糖尿病的老人养了一只狗，每到老人血糖降低时，狗就舔舔主人的脸，提醒老人吃甜食。因此，老人数次逃过劫难。听到这个故事，您是不是感到，不可思议呢？

研究发现，约有三分之一的宠物狗能嗅出主人身体某些化学物质的变化情况，并在主人血糖陡降之前发出警告，让主人及时补充食物，避免危险，俨然是糖尿病患者的"零食闹钟"。

此外，与健康、温顺的小狗在一起，老人会感到放松，有助于降低血压，而且养狗的老人心脏病发作的几率要低于不养狗的人。看来，狗也是一针"强心剂"呀！

让它成为家庭的一员

有些老人看到别人养了一只乖巧、漂亮的狗，也想养一只。其实，养狗对老人来说可不是一件轻松的事情。因为一旦养了它，就意味着要对它"负责"。所以，在养狗之前，一定要考虑清楚，把狗抱回家，就意味着它成为家庭中的一员，需要你认真地照顾它。

1. 常和它亲切地交谈

狗一旦成为宠物，就不仅仅是动物了，而是主人的好朋友，请多和它"说话"。虽然狗听不懂人类的语言，但是它可以通过观察主人的神态和语气来理解主人的意思。认真和狗交流，不仅是和它建立感情的好方法，还是释放压力的途径。

2. 无论它的出身是否高贵，都要爱它

不管您的狗是否是纯种狗，是否名贵，您都要把它当成宝贝，因为在您不开心的时候，它也会一直陪伴着您。所以，要经常陪它玩，关注它的喜怒哀乐。

3. 无论生老病死，都不要抛弃它

狗的寿命只有 10 多年，随着您与它感情的加深，它也会一天天变老，直至生病、死掉。但无论如何，它都是家庭的一员，不应该抛弃它。

养狗，先要考虑自己的钱袋

很多老人喜欢用养狗来排遣寂寞，可养了狗才发现，它虽然能给生活带来乐趣，但也会花不少的银子！

所以，在养狗之前，要考虑自己的钱袋子，如果收入不允许，最好还是放弃养狗的想法，否则对自己和狗都是悲剧。下面我们就来算一算养狗的费用，让您有充分的心理准备。

第一笔开销：买狗。一只狗一般售价少则几百元，多则上

千元、上万元不等，血统名贵狗的身价十几万也不足为奇。

第二笔开销：办狗证。办证的价格各地情况不等，少则百元，多则上千元。

第三笔开销：疫苗。这个花费不是很高，国产疫苗百元左右，进口疫苗费用会高些。

第四笔开销：食物。狗粮有很多种，价格也在几十到几百元之间，比较好的狗粮由牛肉、谷物等搭配而成。

第五笔开销：项圈、狗窝。项圈和狗窝的价格少则几十元，多则上百元。

此外，还有专门供狗洗澡的香波，供狗玩的"狗咬胶"、皮球等玩具的价格也各有不同。再加上定时剪指甲、做美容等，那费用就更高了。

由此可见，养狗也是一笔不小的开支，养狗前要先算算账，看看自己有没有这个经济实力。

别和它过分亲昵

狗是一种忠实又可爱的小动物，深受老人的喜爱，所以，很多老人与狗过分亲昵，殊不知，它在带给您快乐的同时，也存在一定的安全隐患。

最大的危害就是传播疾病。大家最熟悉的疾病莫过于狂犬病，此外，狗还是弓形体病的传播者。有的老人与狗亲密无间，喜欢

与狗睡在一张床上，盖一床被子，甚至不时与之亲吻，这是很危险的。

由于过分亲昵，一些传染病和皮肤病等相继在人体出现。较易传染且危害严重的有狂犬病、皮肤病、犬瘟、犬细小病毒、犬传染性肝炎等。

其中，最严重的当属狂犬病，其死亡率极高，目前尚无有效的治疗措施；皮肤病次之，虽不殃及生命，但很难根治。

另外，现在有一些老人一提起自己的狗就滔滔不绝，甚至更喜欢和狗单独在一起，而不喜欢与别人进行正常的沟通、交流。这是典型的宠物依赖症，干扰了老人与子女及同龄人的正常交往。

所以，老年朋友不能把大部分时间都花费在狗身上，要多走出家门，主动与同龄人交流，经常到公园锻炼身体，与其他老人沟通。

做一个文明的"狗主人"

随着人民生活水平的日益提高，养狗人士越来越多，"狗患"也越来越严重。仅在深圳，每年大概有4万人被猫狗咬伤；还有夜半狗吠，吵得人整夜无眠，严重影响到人们的休息。此外，还有狗随地大小便问题。那么，怎样才能做到文明养狗呢？

1. 尽量避免狗伤人

狗非常喜欢与人亲近和玩耍，有时会和喜欢的人"亲热"一番，这是动物的正常行为。但是，在不了解它们行为的人眼里，这却类似于攻击行为，会紧张、害怕，甚至有些胆小的人会高声尖叫，做出防卫。但在狗看来，这种"防卫"就是"攻击"，它会立刻做出反击的姿态。因此，狗主人遛狗时，应束狗链，避让行人。

2. 防止狗吠扰民

如果您想搞好左邻右舍的关系，一定要防止狗吠。如果狗能够安静下来，应夸奖它一番，让它知道什么时候会挨训，什么时候会受表扬。

3. 在安全的场地玩耍

大部分狗爱运动，充足的运动能使它放松身心，享受快乐，消除孤独和寂寞。主人可以挑选空旷且没有行人的地方让它尽情玩耍。

4. 及时清理狗的粪便

带狗出门时，主人一定要随身携带卫生纸，以便当场处理狗的粪便，维护公共环境。

如果有一天您的爱狗影响到别人，应该主动跟对方说声"对不起"，不要以为这样是低人一等，恰恰相反，这样正是体现了主人文明养狗的良好修养。

给它一个温暖的"家"

家对人类来说，是一个令人感到放松和安全的地方。对于狗

来说，狗窝也是一个可以让狗感到安心、温暖的地方。那么，作为狗主人该如何为爱狗选择一个温馨的"家"呢？

1. 狗窝门口的高度

狗窝门口的高度不能低于狗肩高的 3/4。最好让狗低下头正好钻进窝里。

2. 狗窝的长与宽

狗窝的长度和宽度一般应不大于狗鼻子到腰部的 1/4。比如：狗的鼻子到腰部的长度是 40 厘米，那么，狗窝的宽度和长度应该在 40~50 厘米之间。

3. 狗窝的高度

狗窝的高度应大于狗从头到脚高度的 1/4，这样，即使在寒冷的冬季，狗也不会流失过多的热量。例如：狗身高是 55 厘米，那么狗窝的整体高度应该在 70 ~ 75 厘米之间。

狗的餐具准备好了吗

狗的餐具主要包括食盆、水盆、水壶。

1. 餐具要求坚固不易损坏，底部较大且不易打翻为好

尽量选择陶瓷盆和不锈钢盆、铝盆、铁盆作为餐具。塑料盆质轻易打翻，但价格便宜；陶瓷盆美观卫生，但易碎；不锈钢盆经久耐用，底座加重后可防止打翻，但价格较贵。一般食盆都可以作水碗用，可以同时购买两只食盆，一只盛食，另一只盛水。

2. 餐具要经常洗涤，保持清洁

宠物狗的餐具每次用完之后都要清洗，因为尽管有的时候，宠物狗吃过食物的盆看上去似乎很干净，其实在其唾液中或是盆的残留物中可能就会产生细菌。因此，在宠物狗吃完后，还是顺手把餐具洗涤一下为好。可以为它专门准备一瓶洗洁精或是瓜果洗涤剂，并且要对餐具定期消毒。

3. 餐具的大小形状要依照狗的口鼻大小、形状而定

（1）长耳朵狗用窄盆

长着"大象耳朵"的狗，用一种特制的"小口径、大容量"的餐具再适合不过了（见图1）。这种餐具最大的特点就是口径非常窄小，只能让狗的嘴巴伸进去，避免将它们毛茸茸的长耳朵弄脏。如英国可卡、美国可卡、雪达犬、阿富汗猎犬等就很适合用这种盆。

图1

（2）长嘴狗用深食盆

嘴巴尖又长的狗适合用较深的食盆（见图2）。这样配合它

们的嘴形，不会将食物弄得满地都是，而且它们吃起来也会很舒服。如柯利牧羊犬、灵提、喜乐蒂、惠比特等比较适合用这种食盆。

图2

（3）扁脸狗用浅食盆

面部比较扁平的狗适合用浅食盆（见图3），这样它们才能够轻松地吃到东西。扁脸狗在吃食时，最好将它们的食具垫高到与下颚同高的位置。这样做可以让它们在吃食时头部适当抬起，便于食物下咽。如北京犬、英国斗牛犬、八哥犬等比较适合用这种食盆。

图3

让它更气派——狗链

小狗一天天长大，也会越来越调皮。这时，有必要为它准备一条狗链了。这不仅能保证它的安全，还能让它更气派。

1. 胸背式狗链

胸背式狗链是最为常见、使用最多的一种。这种束住胸背的设计方式使主人更容易控制住狗，也不用担心会伤害到狗。它适合所有的狗使用。

2. 短带

短带一般与项圈或胸背式狗链搭配使用，让爱狗走在身边，可以更好地控制它。比较适合给一些大型狗和脾气不好的狗使用。

3. 伸缩牵引带

顾名思义，这种牵引带的绳子可以伸缩。伸缩牵引带上有一个按钮，可以让主人轻松控制绳子的长度。不过，这种狗链也有弊端——在紧急情况时不能迅速控制住狗，所以不适合体型大和脾气不好的狗，比较适合运动量较大的小型狗。

4. 一牵二狗链

这种狗链最大的好处就是可以同时牵着两只狗，而又避免了使用两根狗链时容易纠缠在一起的弊端。同时，两只狗还可以起到互相制约的作用。

有时，狗主人在带着狗出门的时候会遇到狗不听话的情况，

即使用绳子牵着，它还是会到处乱窜。如何才能让狗乖乖地跟着主人走呢？这就要学习正确使用狗链。

首先，当狗拉着绳子朝某一方向走时，立即强行牵着它朝相反方向走，途中可以拐弯，也可以在同一条路上来回走。

其次，发现狗向前拉绳子的时候，猛地向后拉一下绳子，勒住狗脖子，这个力度和时机要把握好，突然地一用力给狗的脖子上施加压力，然后再放松绳子。但必须注意，不要让狗脖子上的绳子一直处在拉紧的状态，因为这样就无法达到控制效果了。

总之，狗主人要记住一点，任何时候都是主人牵着狗走，如果狗的力量较大，可使用内侧带有钉子的项圈，其力度和疼痛感都比较强烈，但要尽量避免使用。

训狗工具大盘点

1. 皮带

用于训练狗时做鞭挞之物，长约 0.6 ~ 1 米。

2. 长带

长带是为训练搜索、前进、后退等动作的必需用具，可用 3 ~ 5 米的棉绳或柔软的尼龙绳。一端连接狗的颈套，一端由狗的主人握住。

3. 颈套

普通用皮革制，用金属制也行。训练时不听命令的狗，用矫正颈套。

4. 哑铃

用坚硬而光滑的木头制做为好，形状像哑铃。两端的球体可取换，根据训狗需要可换用各种不同重量的木质球体或金属球体。主要用于狗的衔物体训练。

5. 嘴套

用皮革制作最好，在训练狗监视物品、防敌或袭击等技术时用来控制狗的嘴巴。

6. 匍匐颈套

匍匐颈套适用于不耐作长时间匍匐的狗。做法是将领套和狗的前肢相连。只要用手一拉，狗就被迫匍匐于地而不能再站立起来。

狗也要讲卫生

一只干净的小狗惹人喜爱，相反，一只脏兮兮的小狗，人见人躲，也会让人觉得狗的主人不讲卫生。要让狗保持清洁卫生，当然离不开清洁用品，那么，您应该准备哪些清洁用品呢?

1. 浴液

有些人在给狗做清洁时，常常使用供人使用的洗发水，这是不正确的做法。人的皮肤和狗的皮肤是不一样的，人用的洗发水一般都是碱性的，长期给狗用，容易使其掉毛，甚至得皮肤病，所以要给狗使用宠物专用的浴液。

2. 宠物喷雾

宠物喷雾能安全有效地防止寄生虫滋生及除蚤、蜱、虱，除了鼻子和眼睛外，此喷雾适用于狗的全身，如果狗外耳道被寄生虫感染，可将此剂涂于耳道。

3. 干洗粉

干洗粉是狗在冬季沐浴的好帮手，不用水洗，清除毛上污渍，增加毛皮光泽，防止脱毛，清除异味，使气味清新。特别适用于体弱多病以及手术后不宜沐浴的狗。

使用时，将干洗粉均匀地撒在狗身上，轻轻按摩，用洗澡刷逆毛搓揉数分钟，使粉末吸去毛上的油及污渍，再梳去粉末。

4. 宠物滴耳露

宠物滴耳露是防治狗耳道疾病的首选产品，具有清洁耳道，消除异味，对耳道炎症有特效。同时能有效杀死耳道内各种寄生虫。

打造一只漂亮的狗狗

人类每天都要梳头发、做造型，同样，您也应定期给狗做美容，让它拥有一身柔顺的毛发。那么，狗的美容用品都有哪些呢？下面就来盘点一下。

1. 梳毛工具

针对不同品种的狗要使用不同的梳毛工具，一般分为梳子和刷子两种。

（1）梳子

准备齿端和横截面都是圆的宽齿梳及细齿梳各一把，这样的梳子可以避免划破毛发，伤及狗的皮肤。如果是长毛狗，应用宽齿梳梳理外层毛，细齿梳梳理内层毛。

（2）梳毛器

梳毛器是长方形的板固定短而弯的金属丝齿，再配上一个手柄的简便梳毛工具。梳毛器的功用是将短毛狗身上脱落的下层绒毛梳下来。

每次给狗梳理完毕，要将梳子和刷子上的油脂及毛擦掉，放入干燥箱中。

2. 剪毛工具

除了用梳子梳理毛发外，另一个重要的器具就是剪毛工具。剪毛工具各式各样，居家养狗，只要准备剪刀和指甲剪即可。

（1）剪刀

剪刀用来修剪耳朵、嘴唇、眼睛、肛门和生殖器周围及脚底的纤细毛发。最好选择刀刃末端呈圆型的剪刀，这样才不会伤到狗的皮肤。

（2）指甲剪

很多狗都会用指甲不停地挠地来制造噪音，为了减少噪音，也为了卫生考虑，需定期给狗修剪指甲。

给狗狗选择合适的玩具

狗也会有寂寞和烦恼的时候，尤其是当主人不在家时，它通常会通过撕咬东西，搞一些小破坏来发泄压力，如果能够给它准备一些玩具，可以消除狗的寂寞，让它少搞一些破坏。

1. 根据撕咬程度选择玩具

玩具由不同材料制作成，具有不同的耐用性。所以，要根据狗的撕咬习惯选择合适的玩具。

（1）绳索玩具

一般由尼龙或棉质材料制成，适用于具有中度撕咬习惯的狗。尤其适合喜欢拖拽游戏的狗，且这种材质软硬适中的玩具对狗的牙齿健康也很有帮助。

（2）帆布玩具

帆布玩具容易清洗且比较耐用，适用于有攻击性撕咬习惯的狗。

（3）聚乙烯和乳胶玩具

这种玩具比较柔软，且被制成各种颜色，有些还会发出响声。这类玩具适于没有攻击性撕咬习惯的狗。

（4）毛绒玩具

毛绒玩具比较柔软且较轻，适于喜欢拖着玩具到处跑的狗，但不适于那些喜欢撕咬的狗。

2. 注意事项

（1）当心玩具卡在喉咙里

有些玩具比较适合小狗，当小狗长大后，这类玩具就会有危险性，因为像小橡胶球等玩具，可能会被长大的狗吞进肚子或者卡在喉咙中。

另外，有些狗喜欢撕咬东西，如果将玩具撕碎，碎片可能会卡在狗的喉咙中。因此，应给具有强烈攻击性撕咬行为的狗一些硬橡胶或尼龙制品等比较耐用的玩具；给具有中度攻击性撕咬行为的狗一些帆布或毛绒玩具；给没有攻击性撕咬行为的狗一些软橡胶玩具。

（2）狗的玩具要多样化

狗也喜欢各式各样的玩具，所以主人最好为它多准备几件。并且，经常替换不同的玩具给它。当然，如果它非常喜欢某一件玩具，最好不要替换掉这件玩具。

为狗备一只小药箱

居家养狗，为狗准备一只小药箱非常必要。在药箱中要准备几样常用药，以备不时之需。

1. 外科用药

（1）紫药水：涂在狗的皮肤伤口上，用于消毒。

（2）双氧水：如果是一般的皮外伤，可先用它清洗伤口。

（3）红霉素软膏：可在伤口恢复期使用，还可以在狗患化脓性皮肤病时使用。

（4）云南白药：如果狗流血，可将药粉涂抹在伤口上即可。如出血过多，可适当地让狗服用一些。

（5）消炎粉：常用且有效的创伤消炎药，涂抹在伤口表面后，要包扎一下，以防狗舔食。

此外，有各件的话，还应准备一些冰棍棒，以备狗骨折时作夹板之用。

2. 消化道用药

（1）发育宝：是调节胃肠功能的补药，也可防止狗腹泻。

（2）胃复安片：狗发生哎吐时，给它服用胃复安片即可止吐。

（3）多酶片、胃蛋白酶片、复合维生素：这些药，对狗的消化不良、食欲不振有很大帮助。

（4）庆大霉素片：狗因消化不良引起的呕吐、腹泻时，可以服用庆大霉素片。

3. 特殊用药

（1）甘油栓：当狗便秘时，挤入肛门内。

（2）苯巴比妥：患癫痫的狗，每隔一段时间就会发作，在发作前给狗服用此药可以有效控制病情。

（3）氯霉素眼药水：保护眼部的必备药品，可治疗结膜炎、角膜炎。

（4）维生素 E：延缓狗衰老。

（5）洗必泰溶液：如果公狗包皮口处有略带绿色的灰白脓汁，这是包皮腔发炎了，可以用洗必泰溶液冲洗消炎。

另外，带狗旅游时，可给有晕车病史的狗备些镇静剂，常用的有安定、氯丙泰等。但是要注意，镇静剂会干扰狗的热调节能力，服用后闷在高温车厢里，可能会中暑，严重者可导致狗死亡，所以要开窗以保持车内空气流通。

给它一个合法的身份

在城市中养狗，需要遵守政府规定，为狗办理"身份证"，给它一个合法的身份。现以北京市养犬管理规定为例，来说一说如何办理狗证。

1. **办理养犬登记证须知**

（1）根据北京市养犬管理规定，在重点管理区内，每户只准养一只狗，不得养烈性犬、大型犬，通常情况下犬的肩高不能超过 35 厘米；

（2）一户地址注册一只犬，而非以个人名义注册；

（3）个人在养犬前，应当征得居民委员会、村民委员会的同意。对符合养犬条件的，居民委员会、村民委员会出具符合养犬条件的证明，并与其签订养犬义务保证书；

（4）养犬人应当自取得居民委员会、村民委员会出具的符合养犬条件的证明之日起 30 日内，持证明到住所地的区、县公安机关进行养犬登记，领取养犬登记证；

（5）养犬人取得养犬登记证后，携犬到畜牧兽医行政部门批准的动物诊疗机构对犬进行健康检查，免费注射预防狂犬病疫

苗，领取动物防疫监督机构出具的动物健康免疫证；

（6）养犬登记证每年年检一次，养犬人在年检时应当出示有效的养犬登记证和动物健康免疫证。养犬登记证年检时间、地点及要求由公安机关予以公告。

2. 办理养犬登记证的流程

（1）准主人持身份证、户口簿到所在辖区的派出所填写《申请养犬登记表》；

（2）派出所接到申请后七日内征求准主人家属及所在居委会的意见并报公安分局审核批准；

（3）公安分局收到申请后十天内做出是否准养犬的决定，如果准养则向准主人发放《购犬许可证》；

（4）申请领养人可持证购买犬或接受赠犬；

（5）拥有犬后要先带犬到指定的动物医院进行体检并注射狂犬疫苗，注射后领取《犬类免疫证》；

（6）携带许可证和免疫证及本人身份证到指定保险公司办理犬类伤害他人责任保险；

（7）持许可证、免疫证、身份证、保险单、购犬发票或受赠公证书、三张犬的彩色照片携犬到居住地派出所审核检验，合格后缴纳一定的登记费便可领取《养犬许可证》和犬牌。

第二章

好狗难觅，教您伯乐相狗

好狗难觅，教您伯乐相狗

没有养过狗的人认为只要狗好看、好玩就可以了。其实买狗可不是一件简单的事情，如果不精挑细选，很可能买到病狗！在买狗时，需掌握三个要点：

1. 看

（1）看狗的精神状态

健康的狗活泼好动，对陌生的事物充满好奇；眼睛明亮且有神，当有人接近时会迅速作出反应。

（2）看狗的身体

健康的狗鼻头湿而凉，眼角无不洁分泌物；耳没有异味，无褐色分泌物；牙齿、舌头泛红，舌红而湿；颈转动灵活；肛门及外阴部干净，无搔痒，无掉毛、秃毛；耳尖、脸部、脚部没有红肿，四肢强壮，对声音的反应灵敏；牙齿没有牙结石，趾甲不会太长，没有咳嗽、打喷嚏、流口水等症状。

2. 摸

全身无触痛，毛光滑，皮肤无突起或疤；四肢活动灵活，触压腰部时应有"凹腰"反射；肋骨光滑无结节。

3. 选种

一般来讲，决定狗性格的主要因素是品种而不是性别。有的狗好动，有的爱管闲事、爱叫，有的狗只忠于一个主人；因此，在选狗时，应先了解什么品种的狗最适合自己。

如何正确判断狗的年龄

有些商贩利用一些老人不懂得判断狗的年龄的弱点，用年老体衰的狗冒充身强体健的狗卖给他们以获取暴利。为此，学会判断狗的年龄是很有必要的。

判断狗的年龄主要根据其牙齿的生长情况、齿峰及牙齿的磨损程度、外形、颜色等综合判定。现将狗的年龄判断依据介绍如下。

狗年龄判断的依据

狗龄	牙齿状况
20 天左右	牙齿逐渐长出来
30 ~ 40 天	乳门齿长齐
2 个月	乳齿全部长齐，尖细而呈嫩白色
2 ~ 4 个月	更换第一乳门齿
5 ~ 6 个月	更换第二、第三乳门齿及全部乳狗齿
8 个月以上	牙齿全部换上恒齿
1 岁	恒齿长齐，光洁、牢固，门齿上部有尖突
1.5 岁	下颌第一门齿尖峰磨灭
2.5 岁	下颌第二门齿尖峰磨灭
3.5 岁	上颌第一门齿尖峰磨灭
4.5 岁	上颌第二门齿尖峰磨灭

续表

狗龄	牙齿状况
5 岁	下颌第三门齿尖峰轻微磨损，同时下颌第一、二门齿磨呈矩形
6 岁	下颌第三门齿尖峰磨灭，狗齿钝圆
7 岁	下颌第一门齿磨损至齿根部，磨损面呈纵椭圆形
8 岁	下颌第一门齿磨损向前方倾斜
10 岁	下颌第二及上颌第一门齿磨损面呈纵椭圆形
16 岁	门齿脱落，狗齿不全

老人养狗以小为宜

老年人要养狗不仅要考虑兴趣爱好，还要考虑身体情况。因此最好选择体重在5千克以下、食量较小、易于亲近的"迷你犬"，如吉娃娃、博美、蝴蝶犬、约克夏等。

1. 吉娃娃

（1）特点

吉娃娃身高一般在20厘米以下，体重1~3千克，寿命为13~14年。它是世界上最小的狗。由于身材小，对生活空间要求不高，运动量不大，适合普通家庭饲养。

（2）选购要点

如果您是初次购买，建议您先查找一些关于吉娃娃的资料，增长一些分辨纯种、混血吉娃娃的经验。如果条件允许，最好去有信誉的犬舍购买。在选购吉娃娃的时候要从以下三方面入手：

①精神：活泼好动，反应灵活，双眼明亮有神，行走正常、无跛行现象。

②被毛：光泽、颜色自然，色素饱满，无脱毛现象。

③胖瘦：尽量选择体型健壮的幼犬。

2. 博美

（1）特点

博美犬身高在28厘米以下，体重2~3千克，毛发浓密，长相甜美。因其身形小巧，可以适应空间狭小的环境。但是博美犬毛发浓密，需要经常打理，不适合忙碌或体质较弱的老年人饲养。

（2）选购要点

①小博美的嘴型要扁，像鸭子的嘴（这种嘴型是指两个多月的小博美，到三个多月时，嘴型会发生变化）。

②眼睛不能过大或者眼球突出，要呈杏仁形，眼色要黑，两眼的距离不要太大。

③鼻子要小而黑，鼻子跟额头的额段要深。

④耳朵要小，耳位不能过低，两耳的距离不要太大。

3. 蝴蝶犬

（1）特点

蝴蝶犬身高20~28厘米，体重1.4~4.5千克。蝴蝶犬活泼好动。胆大灵活，对主人热情、温顺，喜欢户外运动，适合体力较好的老年人饲养。

（2）选购要点

①选择体质强壮的。

②选择前额至鼻梁的斑纹条对称的。

③耳朵应当大而挺立，并且有较长的饰毛，整体的外观酷似蝴蝶形状。

④头盖骨要圆、口吻要比较长且尖薄，不要选头盖骨太长以及吻部过长过厚的。

⑤眼睛的颜色要深，颜色过浅的也许不是纯种蝴蝶犬。

⑥身躯过短或者是四肢过长的，有失这种狗的美丽姿态，不宜购买。

⑦毛色以白黑色、白灰色、白红色以及白褐色的为佳，单色毛的为次品。

4. 约克夏

（1）特点

约克夏身高 18~23 厘米，体重 1.5~3 千克，身材矮小，是体形仅次于吉娃娃的小型犬。约克夏对主人热情、忠心，对陌生人则退避三舍。这种犬几乎不需要进行户外运动，非常适合老年人饲养。

（2）选购要点

①被毛细润如丝，长及地面，直而不曲且丰厚为佳。

②身体毛色为暗蓝色、四肢及头部毛色为褐色的较佳，而黑色、铜色、茶色的较次。

③眼睛是否有神而转动灵活；眼睛及眼眶是黑色或深褐色的，淡者较次。

④双耳活动灵活，耳道要清洁、无异味，耳朵内侧呈粉红色为健康。耳朵较小而成三角形的为佳。

⑤背部应平直而不弯曲，门齿咬合平整不歪。

选择性格温和的狗

老人养狗一定要选择性格温顺、情绪稳定的，以免因狗的性格"暴躁"而伤到自己。下面列举的几个品种的狗性格非常温和，适合老人饲养。

1. 比熊犬

（1）特点

比熊犬身高在24~29厘米，体重4~6千克，性情温顺、敏感、顽皮而可爱。比熊犬都是比较活泼好动的，由于长期与人相伴，对人有很强的依赖感，所以主人应该多陪它玩耍。

（2）选购要点

①脚垫要比较柔软，细嫩，不应干裂或坚硬。步伐应轻快，活泼好动。

②幼犬的鼻子应该是湿润的，眼睛明亮、无血丝。

③将耳朵外翻，如果耳朵里有异味或者粘稠状的附着物、红肿、外伤、出血等情况均证明内耳有损伤或者有耳部寄生虫。

④皮肤的颜色为淡粉色的说明皮肤健康，如果在嘴周围，脖子下面，耳朵后面，腋下和大腿根部的皮肤呈块状或片状的红色，说明已经感染了螨虫或者真菌。

2. 北京犬

（1）特点

北京犬身高15~23厘米，体重4.5~5千克。北京犬忠诚、热

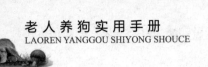
情、勇敢、聪明，非常容易融入家庭，对主人极有感情，容易和主人建立一种平和、信赖的关系。

（2）选购要点

①北京犬的头要大而宽，脸要扁而阔；头圆的不是佳品。

②鼻梁要短而阔，并略微上翘；嘴巴要端正而宽阔；眼睛周围有黑色罩毛，并一直延伸到耳为好。

③两眼既大又圆，突出有神，转动灵活，眼珠有亮泽，眼球宜黑多白少，眼外不应有眼泪或污垢。

④耳朵外耳道要洁净无污垢，内侧红润的较为健康。

⑤肩部和胸部要宽阔，前腿宜短而内曲，后腿要细长而挺直坚强。

⑥体毛要密而长，并柔顺、整齐、有光泽，不可短而杂乱，更不可有脱毛现象。

⑦体格健壮，但不能过胖；行动灵活敏捷，轻快，有活力。

3. 迷你贵宾犬

迷你贵宾犬是家庭的好宠物，如果你有足够的时间去照料它，如把它修剪成狮子状或羊羔状，也会有意想不到的效果。

（1）特点

①迷你贵宾犬身高28~38厘米，体重6~9千克，聪明、活泼、性情温和，不喜欢吠叫，对主人比较依赖，而且爱撒娇。

（2）选购要点

①迷你贵宾犬对毛发的要求非常高，在选购的时应特别注意毛色、毛量及毛质三个方面。咖啡色和杏色的幼犬允许猪肝色鼻子、眼线、唇线，眼睛琥珀色，其他颜色的贵宾都是黑色的鼻子、眼线、唇线，棕色的眼睛。

②牙齿整齐、坚实、呈剪式咬合；眼睛不能大而圆，要是杏仁眼；耳朵要圆，长短至面颊。

③背应当短直，肩要强壮倾斜；尾巴是竖直、断尾．

④脚趾应圆且紧凑，忌太长或太瘦，足垫应当厚，其步态应当轻松优雅。

选择易打理的狗

老人体力有限，在选择狗的品种时，尽量选择那些容易打理的犬，以免过度劳累，下面的几个犬种比较容易打理，老人在饲养狗时，不妨考虑一下。

1. 短毛腊肠犬

（1）特点

短毛腊肠犬身高 18~23 厘米，体重 11~15 千克，活泼聪明，喜爱哄闹，吠声大，适合做看家犬；对主人忠诚，可成为亲密的的伙伴，但对外人充满戒心。

（2）选购要点

①头大，胸宽，背部平直，身体特长，四肢短者为佳。

②短毛腊肠犬被毛应平滑、流畅、有光泽。毛色不尽一致，以深色如黑褐色、茶褐色或黑色多见。

③在口吻部尖端、眼睛上方、前指（趾）区及肛门周围有黄褐色斑或条纹，胸部有白毛者不受欢迎。

2. 巴哥犬

（1）特点

八哥犬身高25~28厘米，体重6~8千克。巴哥犬记忆力强，感情丰富、个性开朗，性格稳定。八哥犬虽然面目狰狞，但心地非常善良，非常会保护主人，适合老人饲养。

（2）选购要点

①选狗时，应着重看其头部特色和全身对称性。

②头应大而圆，面部皱纹越多越深越好，面部应是面具般的黑色，宜挑选耳黑、额上褶黑、嘴黑的；眼大而圆；嘴短、钝，呈方形。

③被毛应柔软细密、富有光泽，最忌稀疏和缺乏光泽。

④四肢应短、直、强壮，身材应矮短而强健，尾巴以双重卷尾最为理想。

⑤长腰、长腿，身体细长瘦弱，四肢纤细无力，剑状或钩状尾等不宜选。

3. 迷你雪纳瑞

（1）特点

迷你雪纳瑞身高30~36厘米，体重在5~8千克。迷你雪纳瑞聪明、忠诚可信、体格强健，精力充沛。因为迷你雪纳瑞能与儿童和大部分宠物融洽相处，所以，非常适合家庭饲养。

（2）选购要点

①选择身体结实而健壮，肌肉发达、体形略呈方形体的犬。

②头部要比较窄长而额部较平，耳朵呈"V"字形而向上直立，耳端略微向前倾；眼睛大小适中，眼睛过大或眼球向外突出的不宜选购；眼球应为深暗或黑色。

③四肢强劲有力；前肢直，后肢腿倾斜，大腿肌肉丰满。脚要圆形，趾像猫形脚趾。

④脊背应结实而直；颈部要较长而略呈拱形。

⑤体毛粗硬，体高与体重在标准范围之内，如若体上被毛过短、纯白毛或体有白斑，属于次品。

⑥若颊部过度扩张，胸部太宽或太窄，尾根低，背部不直，或者上颌或下颌前出，门齿不能做剪式咬合，见人胆怯，则不宜购买。

4. 威尔士柯基犬

（1）特点

①威尔士柯基犬身高 28~31 厘米，体重 10~12 千克。威尔士柯基犬身材矮小、体格结实、力气大、充满活力，是最受欢迎的小型看家犬之一，加之打理非常简单，非常适合老年人饲养。

（2）选购要点

①体形要匀称，颈部要长、高，且有力，胸部较深，腹部要略微向上收缩。

②前肢直，后肢肌肉发达，脚大而宽阔，足趾有较长的饰毛披覆。

③毛要厚且密，像丝一样有光泽。头部的两侧有很长的饰毛，身体两侧和四肢也要有长而浓密的毛，耳朵和尾巴及头顶都有长而光亮的毛。背部和肩部的毛较短。

④该犬种有白色、金黄色、褐色和黑色等几种，如有其他颜色的，则不是纯种。

⑤行走时的步态应轻松自如，且能敏捷奔跑，行动迟钝的属不健康。

5. 中国冠毛犬

（1）特点

中国冠毛犬身高 23~33 厘米 体重 2~5 千克。中国冠毛犬体型较小，性格温顺、机智、勇敢、警惕性高。它全身大部分无毛，只是在头、尾和四肢下部有少量饰毛，肤色多为粉红底色加上蓝色或咖啡色斑块。

（2）选购要点

①选择时应选头盖宽阔，吻部尖而细长，舌蓝色，无前臼齿，齿呈剪式咬合者。

②头顶应有花冠般饰毛，颈细长，躯干紧凑，躯体无毛或少毛，四肢细长，尾细长而不弯曲者为佳。

③忌选口吻短粗，齿呈非剪式咬合，头顶无冠毛，耳小，颈粗短，四肢短粗，躯体被毛丰密者。

狗的性别有多重要

有人认为，买到一只可爱、听话的狗就行，没必要考虑它的性别。而有些人对狗的性别很在意，这是因为公狗和母狗在领地意识、温顺程度和发情期会表现出明显的不同。

1. 领地意识

母狗和公狗比起来，领地意识不明显。母狗只是在发情期为了告诉公狗它正处于发情期而用尿来标志领地界限或规定道路的记号。平时，母狗不像公狗那样护着自己的领地和自己在狗群中的地位。

2．温顺程度

作为宠物，母狗比公狗受欢迎。因为母狗温顺听话，比公狗会取悦主人，更容易讨人喜欢，而公狗性格比较倔强，需要耐心调教才行。

3．发情情况

母狗一年发情两次，每次 3 周左右，发情期会流血，阴道分泌物很脏，需要经常清理。若母狗与公狗交配还会引起不必要的妊娠麻烦，因此，不想让母狗怀孕的主人最好给母狗去势。

如何打理长毛狗与短毛狗

养长毛狗还是短毛狗呢？提前了解一下养长毛狗和短毛狗的优劣，能为将来养狗做好心理准备。下面我们就来说说打理长毛狗和短毛狗的区别。

1．洗澡问题

长毛狗要比短毛狗难洗得多，特别是爱脏的白色长毛狗，要想洗得干干净净的确实需要下一番工夫。对于短毛狗来说，洗澡就省事多了。

2．梳妆打扮问题

给长毛狗梳毛所花费的时间要比短毛狗长几倍，有些长毛狗

还要扎些小辫子，比如西施犬——它头上的毛特别长，如果不给它扎起来，就会影响它进食。梗类犬及刚毛犬则需要定期进行剥毛。

3. 脱毛问题

换季的时候，长毛狗和短毛狗都要换毛。长毛狗和短毛狗脱落的毛差别不大，只是长毛狗脱落的毛容易被发现，而短毛狗不明显而已。

除了换季原因之外，狗生病后也会脱毛。当狗身上长了螨虫后，毛会一片片地脱落。这时要及时就诊。

4. 除毛问题

那么，该如何处理脱毛问题呢？在这里，介绍几种常见的除毛工具。

（1）粘性除毛滚

这种除毛滚上面是一层粘粘的胶皮，在滚动的时候可以把毛粘在除毛滚上。不过，使用一段时间后，胶皮的粘性就会逐渐减弱。这时，用洗涤灵或肥皂水把它洗干净，可继续使用。用粘性除毛滚粘细软长毛效果很好，粘短硬毛效果一般。

（2）粘性胶纸滚

这种滚子粘细毛和短硬毛的效果都不错，对于扎在衣服里的毛也能粘出来。缺点是用完了就得更换，不够经济实惠。

（3）静电除毛刷

静电除毛刷是利用静电的原理把细毛和纤维粘下来。使用时要注意方向，逆向刷衣服的时候，衣服表面的毛就会被静电沾到刷子上，然后再用手顺向把沾在刷子表面的毛清理干净。

这种刷子对于细软的长毛效果很好，对于短硬毛一般，因为扎在衣服里的毛靠静电是吸不出来的。这种刷子可以重复使用，经济实惠。

（4）吸尘器

吸尘器是在各种除毛用品中最贵的。优点是可以轻松有效的清除边角旮旯的毛，缺点是吸衣服上的毛效果欠佳。

（5）宽胶带

宽胶带可以跟粘性胶纸滚一样用来粘衣服上的毛。如果是短毛狗和刚毛狗可以直接用胶带粘它们身上的毛。

到哪里买狗

到哪里能买到一只健康活泼的小狗呢？这是很多老人关心的问题。这就涉及到购买宠物狗的渠道，不同的购买渠道对狗的质量有一定影响。

1. 路边狗贩

由于宠物市场的飞速发展，高利润下催生了狗贩族。想在狗贩手中买到纯种狗的可能性不大，因为他们贩卖的绝大多数都是京叭串、西施串、小土串……除了价格便宜，其他方面堪忧。

2. 个人转让

有些人无法继续照顾狗，只能将它低价转让。不过，从这个渠道购买的最好是小狗，若是大狗，它的生活习惯已经形成，很难再训练。

3. 宠物市场

大多城市都有宠物市场。这里的卫生条件比较差，小狗们的生活条件也非常恶劣，弄不好就会染上疾病。在这里挑选小狗时，尤其要留意狗的眼角、耳朵及肛门，如发现有问题，最好不要购买。

4. 宠物店

宠物店一般在各大楼盘周围，或高档住宅附近。在这里购买小狗费用较高，但健康状况比宠物市场好。

5. 犬舍

犬舍比较重视自己的信誉，尤其是国内一些单犬种犬舍。通常，在犬舍买到病狗的可能性不大。大多数犬舍的狗只是谋利的工具，所以价格较高。在犬舍买狗，有一个定律：单犬种犬舍因为专一用心，明显好过那些专门跑量进宠物市场的多犬种犬舍。

6. 家庭繁殖

随着宠物市场的火爆，市场催生出了一批家庭繁育者。由于小狗和大狗及主人在一起生活，所以，小狗性格的塑造与家庭化管理有着密切的关系，比如对人的信任、是否爱吠叫、学习领悟能力、卫生习惯等等。家庭繁殖的狗的价格，通常会稍高于宠物市场，低于正规犬舍。

识破狗贩的骗人伎俩

很多无良狗贩，用问题狗来蒙蔽毫无经验的老人，以牟取暴利。为了让您买到称心如意的狗，下面我们就来揭穿狗贩子的骗人伎俩。

1. 隐瞒年龄

狗太小，抵抗力就差，不容易养活，所以，狗贩就虚报狗的年龄，以骗取老人放心购买。

2. 染色

狗贩见哪个品种销路好，就以次充好，将不是纯种的狗进行染色高价出售。这种现象主要集中出现在博美。因为博美幼犬毛色偏黑，长大后逐渐褪色才能变成火红色，但是因为很多顾客不了解这一点，希望买到的博美幼犬毛色越红越好。

3. 隐瞒品种

有些小狗不容易看出品种，无良狗贩利用这一点，将一些不同品种的狗混着卖。比如：大白熊、银狐、撒摩最爱被狗贩混着卖。

4. 隐瞒缺陷

如果狗贩卖的狗有缺陷，会故意避开狗的缺陷不谈，或者以你不懂为由，把缺陷说成优点。

5. 隐瞒来路

为了证明小狗是纯种狗，有些狗贩会煞有介事地拿出大狗照片来。其实，这样的照片随处可见。

6. 通过美容改变品种

这招最常见的是把长毛狗剪成短毛的，大家在购买的时候一定要多加小心。

7. 用洗澡的方式毁灭证据

一般通过狗的眼睛、耳朵、肛门等处，就可以看出狗的健康状况。狗贩为了让狗看起来更健康，会给狗洗澡，以毁

灭证据。

8. 打止血针

染上了狗瘟、细小的狗都会便血，为了不露馅，狗贩们通常会给狗打止血针。

第三章

照顾家庭"新成员"

小狗回家之后

小狗初到新环境，难免会感到恐惧，这时，您应该为它的到来做好充分准备，这有助于打消它的恐惧感，让它慢慢地喜欢上新家。

1. 消除不安情绪

小狗初到新家，面对新环境会感到害怕，有时还会哀叫。这时，您应该为它准备足够的水、食物和一个温暖舒适的窝。另外，还要让小狗经常能看到主人，这样有助于缓解它的不安情绪。

2. 喂食原则

在消除了小狗不安情绪后，它就会放心地吃喝了。如果不清楚小狗原来的饮食习惯，那就以"少食多餐"为原则。三个月前的小狗每天以四餐为佳，每次不能喂食过量，否则会腹泻，也不要长期只给小狗特别喜欢吃的某种食物，以免造成营养不平衡、挑食、偏食等问题。

3. 洗澡问题

小狗刚到新家，对环境不适应，身体抵抗力会比原来弱。您可以用湿毛巾给它擦擦，或是在它的毛上搽一些痱子粉以避免身上的有异味，等它适应了环境再洗澡。

4. 健康问题

小狗到了新家以后，通常会紧张、吠叫、吃得少，这是正常现象，适应几天就好了。但如果它一直吃得很少，不爱玩、没精神或是伴有流鼻涕、咳嗽、拉稀、呕吐之类的反应，就应带它去医院检查一下。

平衡的食粮让狗更健康

不论年龄，所有的狗保持健康的身体都需要蛋白质、脂肪、维生素和矿物质。

幼狗食品中的蛋白质含量通常比成年狗高25%～35%，如果给小狗喂食营养均衡的宠物食品，就不再需要饲喂其他营养补充剂，否则有可能会破坏它的饮食平衡。

成年狗的喂食量取决于活动水平、食物质量、怀孕状态、体型大小等因素。如果按照推荐喂食量进行饲喂后，狗的体重下降了，应增加10%～20%的饲喂量；如果体重增加了，则应减少饲喂量。

老年狗的营养需求受器官功能和慢性病问题的影响较大。它最良好的身体状况就是不胖不瘦。但老年狗的体重常会增加，这时就应采取措施防止它体重超标。比如换一种低脂肪低热量的老年狗专用食品，并增加狗的运动量。

有些狗随着年龄增长体重会下降，这是由于视力下降、嗅觉和味觉迟钝而造成食物摄入量减少引起的。可以给体重过轻的老年狗喂食适口性好、能量高的优质狗粮。

狗粮选购锦囊

先用优质的狗粮，狗身体才能强壮。面对琳琅满目的狗粮，该选哪种呢？这是很多老人在购买狗粮时经常遇到的问题。下面我们就来说一说狗粮的选购问题。

1. 选购标准

优质的狗粮应包括以下几个方面：

（1）含有较高的营养成分，且便于吸收。

（2）适口性好。

（3）食用后没有出现发胖或消瘦等现象。

（4）食用后不会出现皮肤发痒、干燥、起皮屑等现象。

（5）粪便软硬适中，粪便量和臭味较少。

（6）食用后不会出现生长停滞。

（7）食用后，毛发光亮柔顺、没有病变性的掉毛、断毛。

（8）不会出现因缺乏维生素和微量元素而发生病变。

2. 狗粮的类型

（1）干燥型

这种狗粮水分在 10% 以下，易于保存，且价格低，加上硬度适中，已经成为主流类型。但狗在食用此狗粮时，要多给它喝些水。

（2）软质型

这种狗粮的水分在 30% ~ 50%，以肉质为主，价格较高，比起干燥型狗粮，狗更爱吃这种。软质型狗粮和干燥型狗粮比较，营养稍低。

（3）罐装型

这种狗粮的水分约为75%，并分为牛、猪、鸡等的肉块、肝脏或鸡头等以单独或组合装的全肉罐型和完全食型两种，此型狗粮不但价格高，而且开罐后不易保存。

3. 选购技巧

要想选购到合适的狗粮，要从以下几个方面入手：

（1）价格

在选择狗粮时，要注重考察狗粮的性价比，然后根据自己的经济情况购买。目前，市场上销售的狗粮品牌主要有宝路、麦顿、皇家、冠能、雷米高等。

（2）制造原材料

①包装袋上的原材料项里各种原材料的排列顺序代表用量多少。在原材料列表中，有些生产厂家会将某种原材料分开标示，如碎玉米、玉米面筋和玉米麸，其名称虽然有差别，实际上是同一种物质。

②原材料项的前两项至少有一种是新鲜肉类，最好是人食用级别的。有些原材料中写有肉粉字样，肉粉是经过榨油的干燥动物组织，跟新鲜肉有本质区别，这一点需要特别注意。

③选择营养价值较高的狗粮，如新鲜肉类(鸭肉、鸡肉、羊肉)、未经处理过的的全壳物(糙米、燕麦)、蔬菜(马铃薯、番茄)及其他食物素材。

④不要选择含有防止脂肪变质的抗氧化剂、防止油水分离的乳化剂、人工色素和香味剂等。

⑤尽量不要选择含有大豆、小麦、谷物、蛋和牛奶制品等易

引起狗过敏的狗粮。

⑥不要选用原材料表述不清的狗粮，因为这意味着原材料品种不稳定或来源不明。

（3）营养成分比例

优质的狗粮蛋白质含量为21%～24%、脂肪含量为8%～16%、水分为10%、纤维为3%～4%。

有些生产商会误导消费者，声称自己家的狗粮蛋白质和脂肪量都非常高。的确，正常的狗需要一定量的蛋白质和脂肪，但是太高的含量对狗也不利。

（4）仔细观察包装和外观

①优质狗粮的包装是经专门设计制造的防潮袋，开袋后能闻到自然的香味。

②优质狗粮颗粒饱满、色泽较深且均匀。

购买散装狗粮的技巧

市场上除了销售成袋的狗粮外，还有散装的狗粮。散装狗粮价格便宜，但质量参差不齐，需要一定的经验才能买到优质的散装狗粮。

1. 判断狗粮是否优质的技巧

（1）观察狗粮的形态

首先，观察狗粮的颗粒大小。颗粒太小的狗粮会让狗觉得没有必要嚼咀，且容易吸入气管。

其次，看狗粮的颗粒是否均匀，是否沾着碎屑。如果沾着许多碎屑，多半是放置时间太长。如果看到狗粮颗粒上有很多小洞，说明已经生虫，就不要购买了。

（2）闻一闻，可以判断狗粮是否新鲜

买散装狗粮时，如果打开袋子的刹那就能闻到香味。说明狗粮是新鲜的。如果添加了羊肉之类的，还会有一股膻味。

（3）通过品尝可以判断狗粮的品质

在品尝狗粮的时候，会感觉里面有沙子之类的东西，这种狗粮不能购买。

2. 购买散装狗粮注意事项

（1）散装狗粮因为没有包装，其生产日期不详，加之在售卖的过程中经常会接触空气，加速变质，所以，一次要少买一些。

（2）在选择散装狗粮时，尽量买新打开包的狗粮，不要买滞销的狗粮。

您是这样喂狗的吗

老人受传统喂养方式的影响，在喂狗的时候会存在一些误区。

1. 突然改变食物

狗都有其习性与嗜好，对新食物有一定的适应期。在食物发生变化的时候，狗消化道里酶的种类与数量也会调整，以适应新

食物。

如果突然更换食物，常会出现两种情况：一种是食物的口味比较好，狗会大量采食；另一种情况是狗不爱采食。

正确的换食方法是逐步换食。开始时仍以原食物为主，加入少量新食物，以后逐渐增加新食物，减少原食物，直至全部换成新食物。

2. 用生鱼虾、生肉喂狗

生鱼虾、生肉中可能含有弓形虫的包囊、细粒棘球绦虫的棘球蚴和旋毛虫的旋毛幼虫等，还可能含有沙门氏菌、大肠杆菌等，食用后会危害狗的健康。

3. 用成年狗食喂小狗

小狗处在生长发育阶段，所需营养和能量比成狗要多一些。小狗在生长发育的前半期，所需的能量是成年狗的 2 倍多，然后渐渐减少。当幼狗体重达到成年狗的 80% 时，消耗的能量仍比成年狗多 20%。

如果用成年狗食喂小狗，容易导致小狗生长发育缓慢，免疫功能降低，发生贫血、佝偻病，甚至腹泻。

4. 用肝脏和胡萝卜喂狗

动物肝脏营养丰富，因此，不少人喜欢用肝脏或肝脏加胡萝卜喂狗。这样做易使小狗患佝偻病、成年狗患骨软化病。患这两种病的狗胃肠功能减弱，食量减小，不爱活动。

5. 在狗粮中加其他食物

不管是干粮，还是罐头，其中的营养成分搭配已经很合理了，如果在狗的食物中添加其他食物，会破坏其营养平衡，导致狗患上营养性疾病。

零食很重要

零食是主人与它们交流的工具，常被用来奖赏它们；也可作为训练狗的辅助食物。

1. 零食的用途

（1）多功能牙刷

零食最初的用途是为了清洁狗的口腔，如一些咬胶类零食，它们的水分含量低于14%，坚韧耐嚼。通过狗的多次咀嚼达到清洁牙齿的作用。

（2）交流工具

人类和狗之间无法用语言进行交流，零食则成了好帮手。狗会因为从您手里得到好吃的而讨好您，在互动中增进感情。

（3）额外奖励

在训练的时候，若拿零食作为奖励，能提高狗的兴奋指数，让它更乐意服从您的命令。

（4）辅助食物

虽然狗粮里含有的营养物质能够满足狗的生长发育需要，但偶尔给它一些零食，可以更好地辅助主食。

2. 挑选零食的方法

（1）按功能性与非功能性挑选

功能性零食分为洁齿类和咬胶类，通常都是为给狗清洁

口腔及牙齿特制的；非功能性零食分为普通零食和营养型零食。

①洁齿类零食：洁齿类零食的成分里面含有叶绿素、欧芹，使狗的口气更清新。

②咬胶类零食：这类零食通常是由牛皮、牛耳、牛筋、羊蹄等耐撕咬的肉皮制成。肉质干燥易保存，适合狗磨牙、消除牙石，口感比咬胶好。而且大多被制成骨头模型，能激发狗撕咬的兴趣。

③普通零食：这类零食没有洁齿和磨牙的作用，主要包括饼干、鸡肉条、三明治等。这类零食的适口性较好，且体积小，便于携带，非常适合牙还没长好或处于训练中的小狗。

④营养型零食：这类零食中掺有一些保健药物，如健骨粉、复合维生素、微量元素等。

（2）按成分挑选

①淀粉类零食：如饼干、面包等一系列以谷物配方为主或是掺杂少量鸡肉或薯条的零食。这类零食适合在旅行或是散步过程中携带，在没有进餐条件的情况下，让狗临时充饥。

②肉干类和肝脏类零食。

肉干分为干燥型和湿润型两种。干燥型肉干通常分为肉片、肉条、肉沫三种。它们都很干燥，非常硬，适合狗磨牙、消除牙石，口感比咬胶好。

湿润型肉干有很多种，它们都含有一定水分。除了半干的鸡小胸肉外，还有三明治、鳕鱼鸡胸寿司等。这种肉干的口感比干燥型的适口性好，狗非常喜欢吃。

肝脏类零食适口性较好。但肝脏中磷含量略高，有碍于钙质的吸收。

（3）按照包装挑选

①正规包装。包装上印有品牌名称、生产日期、营养配比表、厂家地址、生产登记号、企业登记号及工商注册的批号。进口零食除上述的内容外，还要配有中文说明，注明全国或地方代理商信息。

②白包装。所谓白包装就是没有商标和生产日期等，只有一个透明的包装袋包着一袋袋肉干。这种肉干多是厂家的库存拿出来直接销售，质量难以保证。

③散装。没有任何包装、生产日期，在批发市场零售，价格较便宜，安全隐患较大。

3. 选择零食的注意事项

（1）零食搭配要丰富

选择零食时，品种应该多一些，像肉干、饼干等等。丰富的零食搭配，既能保持狗对食物的新鲜感，又能保证营养的吸收。

（2）零食要易存放

尽量选择干燥型的零食，狗在短时间内吃不完也容易保存。

别让食物害了狗

有些老人认为人可以吃的东西，狗也可以吃。人与狗的生理构造不同，营养需求也不一样，因此，有些食物是不适合喂

狗的。

1. 肉类食物

（1）骨头

很多人认为狗能嚼碎骨头和鱼刺，实际上，狗并不能嚼食物，而是吞下去。传统上认为狗吃骨头能补钙，其实骨头里的钙是很难溶解的。

如果一定要喂，应先用压力锅将骨头煮烂。偶尔给它吃大骨头是个好主意，比如牛腿骨，有助于清除牙垢，但吃多会引起便秘，应适当控制。

（2）肝脏

狗长期食用肝脏，可能会造成维生素 A 过量，甚至中毒。

（3）海鲜

有些人会对海鲜过敏，同样的道理，也有一部分狗对海鲜过敏。

（4）生肉

狗的消化系统无法适应人工饲养的禽畜类肉制品。

（5）猪肉

猪肉内的脂肪球比其他肉类大，可能阻塞狗的微血管，应避免猪肉制品，特别是含硝酸钠的培根。

（6）墨斗鱼、章鱼、贝类食物

这些食物都是不易消化的，也可能引起腹痛、腹泻。

（7）生鱼片

生鱼片中含有会破坏维生素 B_1 的酶，造成维生素 B_1 缺乏症，导致狗的食欲减退，痉挛，严重时可导致狗死亡。

（8）生鸡蛋

生鸡蛋中含有一种卵白素的蛋白质，会消耗狗体内的维生素 H。

2. 蔬菜

（1）含纤维质多的蔬菜、花生都是不易消化的食品，也可能引起腹痛、腹泻。但花生酱是一个例外，不过如喂食花生酱，应选用有机无糖的花生酱。

（2）洋葱。洋葱会破坏狗的红细胞甚至可能导致贫血，部分狗食用洋葱、可能会出现尿血现象。因此，像咖喱、汉堡包等含有洋葱或葱的食物最好不要给狗吃。

（3）蘑菇。不要给狗吃蘑菇，以免狗养成吃蘑菇的习惯，在野外误食有毒蘑菇。

3. 水果

（1）葡萄。葡萄或葡萄干会导致狗肾衰竭。

（2）柿子。柿子籽可引起肠阻塞和肠炎。

4. 零食

（1）巧克力。巧克力中含有大量糖分，部分狗食用后会兴奋不安，对狗的健康有害无益。

（2）果冻、年糕、紫菜等食物。可能会堵住狗的咽喉或粘在喉管上，引起窒息。

（3）高糖、高脂肪、高盐分的食物。狗发胖会诱发一系列疾病；过量的盐分，会加重肾脏的负担，影响肾脏的健康，并可能造成各种皮肤疾病。

（4）澳洲坚果和胡桃。澳洲坚果可导致虚脱、肌肉痉挛及瘫痪。其他坚果里磷含量很高，狗吃了有可能导致肾结石。

5. 饮品

（1）牛奶。很多狗有乳糖不适症，如狗喝了牛奶后出现放屁、

腹泻、脱水等，应停止喂牛奶。有乳糖不适症的狗应食用不含乳糖成分的牛奶或者酸奶。

（2）含咖啡因饮品。咖啡因、可可或茶碱危害狗的心脏和神经系统。

（3）含酒精饮品。可引起中毒、昏迷和死亡。

6. 其他

（1）猫粮。狗和猫食物结构不同，猫粮中普遍含有过高的蛋白质和脂肪，狗吃猫粮会导致营养过剩。

（2）婴儿食品。可能含有洋葱粉，会引起食物中毒。如长期饲喂，也可能导致营养缺乏症。

（3）酵母面团。可在消化系统中膨胀并产生气体，造成疼痛或胃肠破裂。

（4）剩菜剩饭。长期饲喂会导致营养不均衡。

（5）过期食品。过期食品有潜在危险，容易导致狗患病。

狗也要讲卫生——洗澡

狗皮脂腺的分泌物会沾上污秽物使被毛缠结，还会发出阵阵臭味，带着这样一只爱狗出去散步，不仅让主人大跌面子，而且还容易招致病原微生物和寄生虫的侵袭，所以，要经常给狗洗澡。

1. 洗澡的工具

（1）宠物专用香波：宠物专用香波相当于我们用的洗发水，

只是成分不同，建议为爱狗选择专用的香波。

（2）浴盆：根据狗的体型大小，准备一个适合爱狗的浴盆；如果是大型狗可以让它站在浴盆里。

（3）棉签：给狗洗澡时，水很容易进到耳朵里。为了防止耳朵被感染，可用棉签来擦拭它的耳道。

（4）毛巾：用来吸附它身体上多余的粉或者水分。

（5）吹风机：洗完澡之后，要用温风吹风机吹干爱狗的皮毛。

（6）梳理工具：给狗梳理被毛，防止被毛打结。

2. 洗澡前的准备工作

给爱狗洗澡并不是一件轻松的事情。为了提高效率，也为了减轻自己的负担，应该在给狗洗澡前修剪趾甲、清洗耳朵、眼睛、梳理被毛。

（1）修剪趾甲

大型狗因体重较重、经常外出，趾甲容易磨短，只要用宠物专用趾甲刀略加修剪即可，而小型狗则需要经常修剪。

修剪趾甲时，应把爱狗的爪子向后转，这样它就看不到你在给它剪趾甲了，不然它会因为害怕乱动，千万别忘了修剪它的狼趾（狗的脚掌上方长出的多余小趾）。

（2）清洁耳朵

给狗清洁耳朵时，可以用止血钳裹上棉花（如果没有止血钳也可以直接用手指裹上棉花），蘸上洗耳水，翻开狗的耳朵，深入耳道内擦拭耳道壁。这时，应检查狗的耳道情况，是否患上耳螨或耳道炎症等疾病。

（3）清洗眼睛

一手扶住狗的头部，另一只手的小指固定眼皮，把眼药水滴入眼内冲洗眼球。然后仍用一手固定头部，另一只手用棉片擦拭眼眶。

（4）梳理被毛

长毛狗可选用硬的针梳，短毛狗用软的针梳。梳理顺序可先从背部易梳的地方开始顺着梳刷，然后四肢、腹部、脖子、头部、耳下。梳顺了，再逆顺序梳一遍。碰到毛结，用粗的扁梳抓紧毛结的根部，一点一点的梳，再用细目的扁梳轻松地梳下来。碰到毛结太多、太密，可先用喷梳精再梳。

3. 洗澡的正确方法

（1）让狗的头部向自己的左侧站立，左手揽住狗头部下方到胸前部位，固定好它的身体。

（2）在洗澡前用手指按压肛门两侧，将肛门腺的分泌物挤出来。然后，将狗放在浴盆中，用温水按臀部、背部、腹背、后肢、肩部、前肢的顺序淋湿，涂上宠物香波，轻轻揉搓后，用梳子梳理。

（3）用清水轻轻地从头顶往下冲洗。然后，从前往后将身体各部用清水冲洗完毕，将水擦干。

4. 不宜给狗洗澡的情况

（1）狗刚吃饱时

如果狗刚吃过食就洗澡，会使皮肤血管扩张，流向胃部的血液减少，引起狗消化不良和血糖降低，易发生昏厥。

（2）身体状态不好，抵抗力较弱时

大病初愈的狗和年老体衰的狗都不适宜洗澡，可用干洗粉或

第三章　照顾家庭"新成员"

毛巾擦拭。

（3）刚打完疫苗时

此时，狗的抵抗力比较低。实在太脏了，可用干粉剂清洁。

（4）剧烈运动后

狗在剧烈运动后，血液还在四肢的肌肉中，立即洗澡易使心脏和大脑供血不足。

（5）临产和哺乳期的狗妈妈

狗在怀孕和哺乳期间脱毛非常厉害所以，一定要在产前给它洗澡；临产和哺乳期的狗不宜洗澡。

狗也要讲卫生——刷牙

狗最常见的牙齿疾病是牙菌斑和牙结石。食物、细菌和唾液聚集并黏住牙齿，长成软性的齿菌斑，慢慢地就会形成坚固的牙结石。

年老的狗如果经常食用软性食品，就很容易患上牙结石。如果齿菌斑或牙结石不趁早医治，可能会造成牙龈发炎，并在牙龈槽内形成薄膜。再不医治，牙齿会遭受感染而脱落。

1. 让幼狗养成刷牙的好习惯

（1）适应性练习

找一个狗觉得舒服的姿势，轻轻抬起狗的上嘴唇，露出牙齿，开始时用手指轻抚狗的牙龈，初时只擦外面，当狗已经适应这种

055

行为时，可以打开它的嘴擦里面的牙龈。当狗习惯后，可将手指缠上纱布刷狗的牙龈。继而加上宠物专用的牙膏。这样，经过一段时间后，狗就会适应刷牙。

（2）选择工具

狗专用牙刷有较为柔软的刷毛，而且刷毛的角度更适宜狗的嘴巴。如果是小狗，可以用指套牙刷；如果是大狗，建议用有手柄的牙刷。

狗专用牙膏。这种牙膏没有泡沫、无毒，可以食用。

（3）刷牙步骤

让牙刷与狗的牙齿呈四十五度角，一边画圆一边轻轻地刷，这样能有效地去除牙菌斑。刷牙时牙龈轻微出血是正常的，如果出血太多，可能是牙龈有炎症，或者是刷牙力度过大。

2. 牙齿的日常护理

除了要定时给爱狗刷牙外，还需要做好狗的牙齿的日常护理工作，主要包括以下几个方面：

（1）尽量让狗吃干燥的狗粮。干饲料能让狗在咀嚼的过程中杜绝结石的产生。

（2）定期喂食洁牙骨或饼干，此外，平时还要注意多给它补充一些维生素 B 族药物。

（3）不要给狗过多的甜食（如巧克力、糖），以免发生龋齿。可以给它狗咬胶，既能锻炼狗的咬合力，又能清洁牙垢。

（4）半年至一年带狗去动物诊所检查一次牙齿。

狗上了年纪

狗与主人朝夕相处，很容易建立起深厚的友情。因此，当它到了老年之后，需要您付出更多关怀。

1. 注意营养均衡

老年狗因行动缓慢，所吃的食物也要随之改变。食物中要多放些鸡肉或嫩牛肉，以及更多的纤维质，使它易饱、易消化、排泄。有些狗粮是专为老年狗设计的，您可向兽医咨询。

2. 梳毛、洗澡

当狗进入老年之后，被毛便会变得干燥、脆弱；皮肤易受感染，还有可能生跳蚤。因此，需要经常为它梳毛、洗澡，并定期为它检查皮肤。

3. 留心天气变化

老年狗比较难适应天气变化。冬天，天气寒冷，老年狗抵抗力弱，易染上呼吸道毛病。所以，应该注意老年狗的保暖，以免它着凉。夏天，由于老年狗身体积聚脂肪较多，以致较难降温，更易中暑。所以，要为它安排凉爽的居住环境，并给它喝大量清水。

4. 疾病早预防

老年狗免疫力低，较易感染诸如瘟热的传染病，所以需要为它注射防疫针。老年狗易生寄生虫，有些寄生虫会破坏狗的心、肾功能。所以，要定期为它检查体内是否有寄生虫。

怎样防止狗走失

我们首先要了解，狗在什么样的情况下容易走失，才能够根据具体情况，找出预防的方法。

1. 狗走失的原因

（1）受到惊吓

狗受到惊吓，在本能的驱使下，最直接的表现就是逃跑。常见的原因有：鞭炮声、汽车喇叭声或是外界其他突然的声响，以及遇到其他动物的攻击。

（2）主人粗心大意

有些主人比较马虎，比如，进商店买东西的时候，将狗放在门口挂在自行车上，当主人从商店出来的时候，车翻倒了，狗不见了。也有的狗主人回家后，因一时疏忽，忘记关大门，让狗从家中溜出去而走失。

2. 预防狗走失的方法

既然知道了狗走失最常见的原因，就要针对这些原因找出对策。

（1）带狗熟悉回家的路

带狗出门玩耍的时候，先带狗在自家周围转一转，让它记住回家的路。这样有一天它偷跑出去玩，也能找到回家的路。

（2）做好唤回训练

平日必须教导狗听到主人呼喊它的名字就立刻飞奔回来的习惯。在紧急情况发生时，这点非常管用。

（3）为狗配戴专属牌

市面上已出现许多为狗量身定做的狗牌，上面有狗的名子和主人的联络电话等。还有业者推出订做狗项圈、狗胸背带的服务，专属的狗项圈上，可以加上狗主人的联络方式，万一狗走失，捡到的人便会知道该如何与狗的主人联系。

（4）让狗社会化

从小就跟人一起长大的狗，常会有社会化不足的现象。这样的狗会因惧怕其他狗，或看到其他狗时过于兴奋。如常让您的狗和其他狗聚会，认识其他狗朋友，对增进狗社会化有很大的帮助。

说了以上几个预防狗走失的办法，没有任何一个方法能够万无一失地预防狗走失。只有狗主人多多注意，不要让它离开你的视线，才是预防狗走失最有效的方法。

爱它，就要懂它——解密狗的身体语言

想更好的照顾狗，了解狗的身体语言是非常重要的。下面就介绍一些狗的身体语言。

1. 摆尾

我们通常认为："摇尾巴的狗是友好的"，除此之外，狗激动、恐惧或困惑时也会摇尾巴。一只受惊吓的狗可能把尾巴低低地夹在两腿之间摇动；一只愤怒的狗常会高举着快速摇动的尾巴进攻。

2. 俯首

狗把身体后端抬高，前端俯低的时候，通常尾巴会起劲儿地

摇动，眼睛闪闪发亮，它是在对您说："一起玩吧！"如果您表情严肃，它会用友善的方式来调动您的情绪。

3. 翻身

狗肚皮朝天，把爪子举向空中，是在表示谦恭与服从。如它在另一只狗面前摆出这个架势，就是在说："我是只爱好和平的狗，我不想打架！"

如这姿势是做给您看，含义就更多了。为了逃避一场预料中的训斥，它会翻肚皮说："我不想让您不高兴，接受我的歉意吧！"为逃避做一件不大情愿的事，它也会这样耍赖。

4. 拱背

拱背动作表示有性企图，在已绝育的狗身上也可能发生。当然，如它们是挺般配的一对儿，您可"成人之美"，否则，应尽量避免发情期的异性交往。

5. 爬跨

当狗爬跨到另一只狗身上，或是站起来，用爪子按住其他狗的身体，它的意思是："我才是老大，您应该绝对服从我！"爬跨不是公狗才有的行为，争强好胜的母狗也会这么做，这只是一种征服性的动作，很少有性的意味。

6. 轻舔

狗不停地用舌头舔自己的鼻头儿，这说明它有些心烦意乱。它也许正在判断一个新的情况，或是为该不该接近某位客人而犹豫，也可能是在努力集中精神试图理解一个新的口令。

如果你遇到一只正在不停地舔鼻头的狗，最好不要贸然接近它，因为它有可能会攻击你。

第四章

听话的狗是训练出来的

常见的训狗方法

让狗变得乖巧，听主人的话，要讲究一定的训练方法。训狗的常用方法有以下几种：

1. 奖励

这种方法是狗最乐于接受的一种训练方式。通过奖励可以强化狗的正确动作，巩固已有的训练成果。一般情况下，尽量少采用食物鼓励的方法，因为常给狗奖励食物易使它养成贪吃、偷食的坏毛病。用口头表扬或抚摸的方式就很好。

另外，在动作还没有完整完成之前不宜给予奖励，当对某一个动作非常熟练之后，还要考察综合运用能力，最好等到整个动作连续完成之后再给予奖励。这样，狗就能够在完成下一系列动作中处处认真。

2. 惩罚

惩罚是制止狗不良行为的有效手段。在使用惩罚手段时，训练者必须态度严肃，语调高亢、尖锐，甚至可以用物体向狗身边猛掷，用鞭棍威胁它，让它记住教训。

比如，有的狗会趁着主人不在，偷偷溜进厨房，把厨房里的食物吃个精光。对狗的这种行为要坚决惩治。您可以把狗重新带到厨房放食物的地方，对着狗高声训斥，并举起棍子做出要打它的动作，使狗对此地及偷食行为产生恐惧。

有的狗可能会当面装模作样，事后依然不改正错误。这时可以采取间接惩罚的方法：捡一些小石子，偷偷的观察狗，当狗要接触食物时，就将石子猛力投掷出去。投掷时，不要让狗看见是您做的，狗就会以为这是自己的所作所为引来的后果，反复几次，狗就不敢偷吃食物了。

3. 诱导

诱导是指使用美味的食物或训练者的行动等诱导狗做出某种动作，借此建立条件反射的手段。比如，要狗学会"来"这个口令，您可以拿一点狗平时最爱吃的零食在前面逗引，狗肯定会听话地"来"到身旁，这时不能把零食奖赏给狗，不然，它会误解您的"来"是"吃"的意思。反复多次，狗就会渐渐明白"来"是一个由远及近地走到主人身边的过程。

4. 强制

强制是指利用机械刺激和威慑性口令，迫使狗顺利完成某一动作的手段。如训练者右手上提狗的脖圈，左手按压狗腰部，狗就势必做出坐下的动作。强制手段比诱导手段更直接，不易发生误解，使狗在被迫服从中领会口令的意思。

一般来说，强制的强度要适当，训练初期不宜强度过大，对胆小的狗应慎用。

如何让它彻底服从您

狗主人都希望狗能够听话，要想做到这一点，就必须对狗进行适当训练。训狗时，应注意以下几点：

1. 原则

（1）不可粗暴，要有耐心与毅力

狗的智商不同，领会主人意图的速度就有快有慢，而有的狗生来就有"逆反"心理，如果它的某些动作一时学不会，您应该耐心地教，若以粗暴的态度对待它，反而会使它畏缩和惊慌。

（2）反复练习，持之以恒

不要以为自己的狗是"天才"，其实，很多动作都是靠训练养成的。所以，需要反复地训练，直到狗学会为止。

（3）只由一人担任训练者

一般来说，训练者应由一人担任。如果训练者太多，发出的指令不同，狗就会不知道听谁的。当一人训练的时候，前后指令也要一样，不能任意更改。

（4）口令简单明了

训练口令必须简短明了，最好不要超过三个字。如果在训练中能配合手势和表情效果会更好。

（5）时间适量

每次训练最多不超过 15 分钟。凡狗做对动作时，要及时给予奖励，以巩固训练成果。

2. 注意事项

（1）受训的小狗最佳年龄在半岁到 1 岁之间，等狗长大了已经养成了一些个性后，再训练就很困难。

（2）训狗时一定要有耐心，不能急于求成，但遇到小狗偷懒时，一定要惩戒它。

（3）训练的最佳时间为每天中午或下午。训练时不要喂太多食物，一旦它吃饱了，就不听话了。

训练狗，从记住它的名字开始

当您把狗带回家的时候，第一件事情便是给它取一个动听的名字，方便以后对它的召唤及训练。

1. 起一个简单易记的名字

小狗最容易记住那些只有两个音节的名字，比如：毛毛、豆豆之类的词。如果名字太长、太难叫，就会影响狗对其记忆的速度。因此，名字应该以响亮易入耳为佳。

2. 注意呼唤时的语调

在叫狗名字的时候，尽量温柔一些，让它感觉到您的友善。千万不要用命令式或吼叫式的语气，以免它惶恐，以为您在凶它。

3. 最好只取一个名字

有的人给狗取了名字之后，叫了几天觉得不好听，就给狗换

了一个新名字。实际上，狗对自己名字的反应只是一种"条件反射"，当它已经形成了这个条件反射后，要有所更改就不是件易事了。

4. 不可反复呼唤狗的名字

有些人图一时之快，反复大叫狗的名字，这样反而让狗不知所措，也混淆了叫它名字的实际作用。

游戏，让狗注意力更集中

每天抽出一点时间陪狗做游戏，不仅能增进您与狗之间的感情，而且还能锻炼身体。

1. 捡拾游戏

准备一个球以及用作奖励的零食。先吸引狗的注意力，然后把球扔出一段比较近的距离，一旦狗把球叼起来，就马上把它叫回来，然后给它一点零食作奖励。每次狗把球叼回来都要对它赞赏一番，并给以奖励。不断地扔出球，越扔距离越远，并逐渐取消食物奖励，到最后只给它口头鼓励。

在练习初期，狗也许不太配合，但每天都坚持训练十分钟，它很快就能掌握了。

2. 捉迷藏

这个游戏最好让狗和两个人一起玩。先拿一个玩具，把玩具拿给狗看一下，让它闻一闻。然后其中一个人牵着狗，另一人把玩具放到狗的身后，但是要在它的视线范围内。松开狗，发出"找东西"的命令。

如狗有困难，牵狗的人可以把玩具指给它看，但是一定要让狗自己把玩具叼回来。

3. 玩球的游戏

这个游戏很简单，还能测试出狗的反应能力和服从性。切记把球丢向偏离狗所在的地方，如果朝着狗丢球将会很危险，因为如果狗张嘴接球时，可能会把球吞下去，卡住喉咙，发生危险。

4. 追踪气味的游戏

如果您养的是一只嗅觉灵敏的猎狗，那么玩追踪气味的游戏再好不过了。您可以走过草地，布置下一条线索让狗来追踪，在终点留下一点零食奖励它。

狗的卧倒训练

卧倒就是让狗"趴下"。一般来说，狗大都不喜欢腹部接触地面，在训练时强迫狗这么做，甚至会遭到狗的激烈反抗。那么，训练者该如何训练这个动作呢？

首先，让狗冷静下来，然后把狗的前脚稍微向前拉，在恰到好处的时候采取行动，才不会引起狗的警惕。

然后，让狗坐下，一只手绕过狗的背部使它靠近自己，一边说："趴下"，用另一只手把狗的前脚往前拉。如狗能做到稍微降低

姿势,就算腹部还没有着地,也要及时夸奖它。

让狗坐下后,一边说"趴下",一边往下拉牵绳。这时,如果狗有腰部往上抬的动作,要马上指示它"趴下!"并用一只手压住它的腰部,不让它站起来。在一边说"趴下",一边向下拉牵绳的同时,另一只手要在狗面前下降。要解除指令时就说:"坐好",然后把牵绳往上拉,等狗起身后要马上指示它"坐下"。

这里需要注意的是,并不是只要趴下就算结束了,而是要按照指示让狗坐下以解除"趴下"的指令,等这一系列动作结束后,要奖励它。

教狗懂礼貌——"握手"、作揖训练

我们经常看到有人让自己的狗和人"握手"。如何让自己的狗学会懂礼貌,与人"握手"、作揖呢?

1. "握手"训练

训练时,主人先让狗面对自己坐着,然后伸出一只手,并发出"握手"的口令,如狗抬起一条前肢,主人就握住并稍微抖动,同时发出"您好"的口令。如果主人发出"握手"的口令后,狗不能主动抬起前肢,主人要用手推推它的肩,使它的重心移向左前肢,同时,伸手抓住右前肢,上提并抖动,发出"您好"的口令。

反复训练几次后,狗就能根据主人的口令,在主人伸出手的同时,递上前肢。在"握手"的同时,主人要不断说:"您好",

表示高兴的样子，激发狗的热情。

最后，请陌生人来配合训练。让来人伸出手，主人在一旁发出"握手"的口令，狗伸出前肢后，请来人说"您好"，同时给予奖励。重复训练，培养狗与别人握手致意的习惯。

2. 作揖训练

狗学会作揖是件非常有趣的事。那么，如何训练狗掌握这项本领呢？

（1）先给狗戴上颈圈，训练时一只手用食物诱惑小狗，另一只手拎着颈圈，使狗用后腿站立。

（2）一旦狗做对一个动作，马上给它零食作为奖励。

（3）在训练的过程中，一定要固定口令，不能一会儿说"站"，一会儿说"坐"，因为狗可没有那么聪明才智来分辨您说的话，它的兴趣主要集中在食物上。

（4）狗学会了站以后，可以教狗作揖。教作揖时，用手握着狗的前爪，一边说口令一边教它作揖。

让狗与您形影不离

遛狗时，应让狗与自己形影不离，那么，怎么做到这点呢？

训练狗跟随自己，应从狗幼年开始。当它可接受颈圈或皮带后，就可对其进行强化训练。

首先，训狗人跪坐在狗的旁边，一手紧紧地抓住颈圈，另

一手拿着美味的食物吸引它的注意力，并叫狗的名字。然后把食物放在狗的鼻子前，命令狗"跟上"，同时沿直线向前走。食物的气味会诱使狗一路跟上。当您停止前进时，应命令道"等着"。然后，将食物放低，再屈膝右转，随身体的转动将食物移到您身前，重复命令"跟上"，狗会紧紧跟着美食。当狗仍处于您的左端时，命令它"停下"，然后将食物靠近狗嘴巴，接着向左方移动，这时狗会跟着移步。这样重复训练，但每次训练时间不宜太长，训练完成后应将食物给它作为奖励。

让它成为您的好帮手

训练狗叼东西，看似简单，但训练起来可不简单。这项训练包括"衔"、"吐"、"来"、"鉴别"等内容，所以，在训练时，一定要分步进行，不要急过求成。

1. 训练"衔"、"吐"的条件反射

一般来说，训练狗养成"衔"、"吐"口令的条件反射多用诱导法和强迫法。

在用诱导法训练时，最好选择一处清净的地方，还有就是找一个让狗兴奋的物品。主人先是右手拿着该物品，迅速在狗面前摇晃，引起狗的兴奋，随后抛出一定的距离，同时发出指令"衔"，在狗欲衔取时，重复发出"衔"的口令。

如狗非常顺利地完成了"衔"的动作，应及时给鼓励。当狗衔住物品 30 秒左右，再发出"吐"的口令。主人接下物品后，应及时给予奖励，重复练习，即可完成。

有的狗可采用强迫法训练。令狗坐于主人左侧，发出"衔"的口令，右手持物，左手扒开狗嘴，将物品放入狗的嘴中，再用右手托住狗的下颌。训练初期，在狗衔住几秒钟后，就应该发出"吐"的口令，将物品取出，并给予食物奖励。重复练习多次后，即可完成这一动作。

2. 衔取抛出物和送出物品的练习

狗养成"衔"、"吐"口令的条件反射后，再进行衔取抛出物和送出物品的训练。在训练衔取抛出物的时候，最好结合手势进行，用手指指向所要衔取的物品，当它衔住物品后，可发出"来"的口令。如狗衔而不来，您可以使用训练绳强制它前来。这样重复多次，即可完成这一动作。

让狗养成上厕所的习惯

给狗收拾粪便是一件很麻烦的事情，为了让您与狗拥有一个舒适的环境，您需要训练它养成上厕所的习惯。

1. 狗便溺的征兆

要想尽快训练好狗，让它养成上厕所的习惯，首先您就要了解狗便溺的征兆。如果狗狂嗅小圈、打转、坐立不安，说明狗要"方便"了。

2. 狗排便训练方法

在它小于 6 个月时，不要强求它表现得多么好，如果您不能保证三四个小时就带它出门一次，有必要在家里给它准备好报纸或尿片。

（1）在狗的卫生区放上它的厕所。如狗有方便的征兆，立刻指引它走向厕所，并发出"上厕所"的口令，让它明白哪里是可以方便的地方，并给予表扬。

（2）等狗完全熟悉了厕所的位置后，如狗有便意，就示意它到厕所去，并及时给予表扬。

（3）待狗已经熟悉如何上厕所后，就将厕所移至您想让它方便的地方。

3. 狗的便溺时间

狗一般会在以下时间方便：

（1）清晨起床后；

（2）午睡之后；

（3）吃食后；

（4）嬉闹之后。

如何让狗安静下来

若狗经常乱叫，会招来邻居的不满，甚至引发矛盾冲突。那么，如何让您的狗安静下来，不再乱叫呢？首先我们来了解一下狗乱叫的原因。

一般在幼狗时期，狗只有在肚子饿、惊吓、疼痛时才会吠叫。但当狗到了8个月龄，性格就会逐渐改变，狗的本能就会表现出来，有一点动静就会大声吠叫。

特别是一些小型狗和没有经过专门训练的狗，有人来做客或者有路人经过，都会乱叫不止。还有些神经质的狗，会在客人面前叫个不停。

当狗在不合时宜的场合乱叫时，您要及时发出"停"或"别叫"等口令。如果狗能服从口令，不再乱叫，您应该立即表扬它，同时抚摸它的头和背部。如果狗不听命令继续乱叫，您可以适当地拍打狗的鼻尖，以示惩罚。通常情况下，经过多次训练后，狗就能听从主人的口令。

对于那些屡教不改的狗，可以使用电子项圈。当它乱吠时，主人只须按动遥控器，电子项圈就会发出刺激电流，使狗感到难受而停止吠叫。几次之后，狗就能形成条件反射，不再乱叫了。

纠正狗咬人、咬物的恶癖

在狗还没有被人类训化之前，它们一直处于野生状态，撕咬是它们赖以生存的必要手段。

当狗渐渐进入人类生活以后，这种本性得到了一定的驯服，但有精神压力或恐惧心理时，它们还是会咬人。

有的狗不但对陌生人有攻击性行为，而且对自己的主人也不

会"口下留情"。为此，我们可以针对这两种情况采用不同的训练方法。

1. 咬主人的情况

有的狗撕咬主人，主人在不痛、没有受伤的情况下视其为撒娇，其实是不对的。如果您纵容狗以这样的方式亲近您，就容易让狗养成咬人的恶习。

当狗咬人后要马上训斥它，或是托着它的下巴训斥，或是发出大声音来恐吓它。

2. 咬陌生人的情况

通常，狗对陌生人有一种警惕和恐惧的心理，因此，有时会对陌生人发起攻击。在这方面，您可以借助朋友让它改掉这个恶习。

可以把一些食物交给朋友，让朋友喂给它吃。这样它会觉得眼前的这个陌生人和主人都是友好、可以信赖的，渐渐消除敌意。

等它吃完食物以后，您要和朋友一起夸奖它，这样可以慢慢地消除它对陌生人的戒备心理。

3. 咬物的情况

不管狗是因为何种原因乱咬东西，在您发现它的这种行为时，都应该立即严厉制止。当它意识到了自己的错误，停止乱咬的时候，给它一定的奖励，会让它更快地改掉恶习。

训练狗不随便捡食食物

"吃"是所有动物的本能，狗当然也不能抗拒诱惑。但是乱吃有可能带来危害。

狗觅食是出于天性，但如果让爱狗在外面随便捡食，狗主人就应该反省自己的"家教"问题了。家教不严，很容易酿成恶果。

1. 狗随便捡食的原因

（1）身体的需要。狗身体里缺乏某种营养物质或者身体有病而出现异食癖。

（2）不良习惯。狗到外面看到可以吃的东西都会吃，和主人的调教有关。

2. 拒食训练方法

（1）把食物诱饵撒在训练区域，慢慢地牵狗走过，看看狗的反映。当发现狗嗅闻食物并准备捡食的时候，迅速用力向上提拉牵引带。一定要注意，无论狗是否吃到食物诱饵，您都不要有进一步的反应。当狗再次捡食的时候，再次提拉牵引带。经过两三次后，当狗看到食物的时候，虽然还会关注，但都会避开，不再捡食。主人在训练过程中要保持沉默，就好像它吃不吃，都跟您没关系。

（2）用饮料瓶作为训练工具

您可以在饮料瓶里装上少半瓶水，放在手边。把食物诱饵放

置在客厅里一个您能够看到的位置。然后找个地方安静地坐下，最好干点别的事，并用余光观察狗，特别是在狗发现诱饵之后，装作毫无察觉。

当狗接近食物的时候，迅速把饮料瓶掷向它，随即装做若无其事的样。吃没吃到，砸没砸着都不用管。训练几次之后，狗便知道：如果我吃这东西，就会有不好的事情发生。

狗的声响适应性训练

前面我们讲过了，狗害怕突然发出的声音，为此它会躲进窝里不出来，或者拒食。针对这种情况，主人只要采取声响适应性训练就可以逐渐消除狗对各种突发声响的恐惧。

训练初期，音量要小些，声源距狗约 60 米，避免使狗产生消极防御的条件反射。狗主人可采用抽打鞭子、敲打锣鼓、放爆竹、鸣枪等方法进行协助训练。同时应加以抚摸或给予美食等来分散狗对声响的注意力，逐步消除狗对声响的不适。之后可根据狗对声响的适应程度，逐渐缩短声源和狗之间的距离。每日训练一次即可。

一段时间之后，狗就基本能适应了小的声响，主人可以对狗进行提高训练：牵好狗的牵引带，您可在距狗 20 米处用发令枪和较响的鞭炮等作声源，根据前一阶段狗对音响的适应程度，可适当增加音量和连续发出声响，如狗正常吠叫，应及时给予安抚。

在此基础上，逐渐缩短狗与声源的距离，最后能正常地靠近声源体，使狗自身没有恐惧现象。

在狗对声响的突然性训练中，应根据狗对声响的适应程度通过随机训练的方式进行。当狗具备白天对声响适应能力后，可逐步过渡到夜间训练，以增强狗全天候适应声响的能力。

在训练过程中，可偶而带狗到公路、闹市等场所锻炼其适应复杂环境的能力。

狗的乘车训练

老人的闲暇时间较多，有时候会带着狗去近郊放松一下心情。但是很多狗都害怕坐车，一上车就有各种不良反应下面就说说如何训练狗适应乘车（这里的乘车指乘私家车，公共交通不允许宠物乘坐）。

1. 乘车训练

（1）在一段时间内，后先消除它的痛苦记忆，不要让狗乘车。接着，每天在车里给狗喂一次食，给它喂完食物后，要及时表扬它，并立即带它下车。

（2）在汽车后座放一块毯子，把狗抱到上面去，并且安抚它的情绪，让它坐几分钟，一旦出现不安的情绪，要及时把它抱下来。

（3）如果狗已经在车里待了 10 分钟，情绪稳定，您可以关

上车门，让它独自在里面待一会儿。如果它没有不良反应，您可以试着回到车里，发动车子，但不要开走。如果狗没有对发动机引擎作出不良反应，您可以试着把车子开出去。如果狗此时表现良好要及时表扬它。

（4）现在，您就可以带着狗上路了。选择一个离房子不到5分钟的目的地。如果狗在途中有不适，要及时停车，并给它物质奖励。

在某一个步骤中，狗一旦出现不适迹象，就返回前一个步骤。这样一直坚持的话，狗紧张过分的神经就会得到放松。

2. 注意事项

（1）开始时要强制狗上车，几次后它就能够自动上车了。

（2）在训练的过程中，狗如果发生呕吐的现象，应立即停车。

（3）主人与狗一同乘车时，要把它拴在离驾驶位远的位置，以免它影响司机的正常驾驶。

（4）行车要慢加速，转弯提前减速，弯中不急加速，保持车内通风。

有您的呵护, 疾病也绕行

您的狗生病了吗

狗不会说话，生病了当然不会对您说哪里不舒服，这时，您就需要对狗生病的前兆及生病的表现有所了解。现在就系统地为您归纳一下。

1. 大便的表现

（1）一天腹泻若干次，但只排出水样粪便，虽摆出排便的姿势，但排不出粪便来。可能是泻肚或肠炎。

（2）在软便或泻肚粪便中混有粘液或血液，粪便呈红色。可能是肠炎、溃疡性大肠炎。

（3）排出巧克力色或黑色的软便、泥状便，有时完全像水状。狗有时会发烧，有时则体温较低。可能是消化管溃疡、犬钩端螺旋体症、犬瘟热。

（4）排便次数少，粪便坚硬，2～3天只排一次少量似石头的球状硬便。可能是大肠麻痹、神经麻痹、肠蠕动微弱、肠局部性狭窄。

（5）摆出排便姿势，但只排出血液。可能是直肠出血、肛门腺炎。

2. 小便的表现

（1）尿失禁。狗没有习惯的排尿动作，而是经常不由自主地排出少量尿液，就是尿失禁。多见于腰部脊髓损伤，或膀胱括约肌麻痹。

（2）尿淋漓。尿液不断一滴滴排出，是由于排尿机能异常亢进和尿路疼痛刺激引起，多半是急性膀胱炎和尿道炎等。

（3）排尿带痛。狗排尿时表现痛苦不安、呻吟、回顾腹部，排尿后仍长时间保持排尿姿势，多半是膀胱炎、尿道炎或尿结石等。排尿次数和尿量发生改变。可能是肾脏、膀胱、尿道和其他系统发生了疾病。

（4）尿量增多。排尿次数增多，每次排尿量不见减少，是肾脏产尿增加的结果。可能是糖尿病、慢性肾炎、水肿吸收期。

（5）排尿次数增多。总的排尿量并不理想，是膀胱或尿道黏膜兴奋性增高的结果。

（6）排尿减少。排尿次数及尿量都减少是肾脏功能障碍的结果，见于急性肾炎、剧烈腹泻、渗出液及漏出液形成期，或伴有高热的疾病。

（7）无尿。即肾脏不能分泌尿液。此时触摸膀胱，内中空虚无尿液。这种情况是狗患了严重的肾炎或某些中毒病，也可能是膀胱破裂。无尿是严重的病症，因体内代谢产物排不出来，最后引起自体中毒或尿毒症。

（8）尿滞留。肾功能正常，膀胱充满尿，排不出来，用手压迫也不排尿，这是由于尿道阻塞，膀胱括约肌痉挛等引起。

3. 体温的表现

（1）发烧，体温高达 39℃~40℃或更高。没精神，缺乏食欲，以前就有咳嗽、粪便异常的情形，呼吸太快。可能是犬瘟热、急性支气管炎、急性肺炎、急性扁桃腺炎。

（2）突然发高烧，体温高达 40 度以上。精神、食欲均不佳，

蹲在一处发抖。可能是传染性肝炎。

（3）发高烧与呼吸困难，横躺着呼吸显得困难，体温高达41度以上，全身抽搐，在运动中突然倒下。可能是中暑。

（4）有些无精打采，持续泻肚，食欲平平，始终是39℃～39.5℃的高热。四肢或头部有抽搐现象，鼻子、脚底干燥。可能是慢性犬瘟热。

（5）体温较低，精神、食欲均减退，持续有软便、泻肚情形，尿色极浓，眼内粘膜及结膜颜色不佳，四肢发冷，有呕吐、血便现象。可能是犬钩端螺旋体症、肠内寄生虫、恶性肿疡。

4.呼吸的表现

（1）呼吸突然显得有困难，呼吸时伸长脖子好像很痛苦的样子，做出欲呕的动作，把头部摇摆或以前脚抓扒口部两侧，会咳嗽。可能是喉咙有异物、急性扁桃腺炎、横膈膜疝气。

（2）偶尔有发作性的呼吸困难，虽然没有发烧，精神、食欲也都正常，但有时却会发作性的咳嗽。发作过后，呼吸又会恢复正常。可能是慢性支气管炎、支气管扩张症、气喘、支气管狭窄症。

（3）呼吸急促，有全身抽搐现象，一阵激烈喘气似的呼吸之后就倒地不起，发高烧，多半在高温多湿的环境下产生，有时会大小便失禁，在生产前后也容易产生。可能是自然气胸、中暑。

（4）每当运动时就有呼吸困难现象，虽有食欲，但稍做运动呼吸就会显得困难。可能是心脏器质性病变、大丝虫寄生、肥胖、肺疾病。

（5）即使静止不动，呼吸也有困难，有发烧、咳嗽的现象，站立时常把脖子伸长，腹部有鼓起的情形。可能是各种肺炎、心脏病、腹水积存。

5. 胸部、腹部的表现

（1）突然开始咳嗽，食欲、精神均无，有些低烧，静止不动时也会咳嗽。可能是犬瘟热、急性气管炎、肺炎、肋膜炎。

（2）有时会咳嗽，运动后及餐后咳嗽，早晚空气较冷时也会咳嗽，偶尔会发作性地有一阵激烈咳嗽。可能是慢性支气管炎、气喘。

（3）吠声沙哑，吠叫时的声音较平时低，声音变得嘶哑，平常就有喜欢吠叫的习惯。可能是急性气管炎、肿疡、喉头炎、狂犬病。

（4）触摸胸部，特别是肋骨，会有疼痛的表示，刷梳胸部的毛时会有疼痛的表示。触摸肋骨会有声音，可能是肋骨骨折。

（5）当仔细查看其肋骨时，由胸部起向背部的方向有骨头的接头似的突起之处，四肢关节显得特别大。可能是佝偻病。

（6）一边乳房有稍微隆起的情形，而且聚缩发硬。乳房稍微肿起而皮肤有些发红，同时发烧。可能是乳腺炎、乳腺肿疡。

（7）没有交配而度过发情期后，经过2个月左右，虽然没有生产，乳房却胀得很大，流出乳汁，有可能是荷尔蒙分泌异常。

（8）小狗在吃过食物以后，腹部会鼓起很大，吞食石头、木片等。可能是蛔虫寄生、慢性肠炎、营养失调。

（9）由狗的上方往下看，有一边腹部侧向鼓起，横躺时一定以同一边为下。可能是腹部肿疡、腹水、子宫蓄脓症。

（10）在小狗或幼狗体毛较少的腹部，长出状似面疮的疹子，疹子前端有脓，整个腹部有红色的斑点，会发痒，一般称为皮疹、脓痂疹、传染性脓疱疹等。

（11）成狗或老狗，虽很能吃又没过多运动，却骨瘦如柴，只有腹部特别鼓起，没交配的母犬，其腹部却逐渐隆起，经常舔其外阴部，有粘液流出。可能是犬心丝虫症所引起的腹水、子宫蓄脓症、卵巢肿疡。

6. 食欲的表现

（1）食欲突然减退，不是发高烧就是体温在常温以下，呕吐。可能是急性传染病、急性中毒、内伤。

（2）虽然很有精神，仅食量不稳定；粪便有时不佳，尿色浓，体重逐渐减轻，偶尔咳嗽及贫血。可能是慢性肾炎、犬钩端螺旋体症、各种肠内寄生虫、齿槽脓漏、犬心丝虫症。

（3）虽有精神，但食欲却逐渐减退、粪、尿有异状，毛色无光泽，可能是恶性肿疡、慢性中毒。

7. 生殖器的表现

（1）母狗有很多粘液流出，经常舔外阴部，食欲、精神如常，可能是膜炎、子宫炎、子宫蓄脓症。

（2）流出的粘液混有血迹或血液凝块。可能是息肉症、淋巴肉肿。

（3）发情期外阴有出血现象，外阴部虽无肿胀，却有出血现象，交配欲全无或极微。可能是卵巢或子宫肿疡、荷尔蒙分泌异常。

（4）公狗阴茎部流脓。有时从阴茎部前端会有脓滴落。可能是包皮炎。

（5）阴囊肿大，一边或两边阴囊逐渐变大，阴囊有时带有热感，有的在触摸时会有疼痛现象。可能是单丸（精巢）肿疡、精巢炎。

狗常见的疾病有哪些

狗除了会有类似于犬瘟热、细小病菌等等有致命性的传染性疾病之外，平时易患的疾病也很多。

1. 内疾

（1）口腔疾病

①牙周炎。其具体症状为牙龈肿胀、充血、压痛、流出脓性分泌物、变软、流口水、牙齿松动、咀嚼困难等。

②食管炎。如果狗症状不是很严重，对采食不会有什么影响。但是情况一旦加重，因食管疼痛，吞咽时伸颈抬头，有时食物、唾液、饮水还会从鼻孔流出，严重影响狗的采食。

③真菌性口炎。口腔黏膜形成柔软，灰白色，稍隆起的斑点，被覆白色的假膜，假膜脱落后遗留溃疡面。生病狗会食欲减退、流口水、身体会出现发热症状等。

④卡他性口炎。口腔黏膜表层卡他性炎症。口腔黏膜潮红，肿胀、热、感觉过敏、流口水、咀嚼困难、出现口臭、舌表面呈灰白色，患病狗吃东西困难，速度缓慢。

⑤溃疡性口炎。齿颈暴露，牙齿松动。相继齿、颊黏膜溃疡。出现口臭、流口水，排出恶臭的组织碎片和血丝等现象。病狗伴有发热症状。

⑥咽炎。分为急性咽炎和慢性咽炎。前者会令狗精神萎靡，

体温升高，食欲突减，吞咽困难、疼痛，试着采食，但一再中断，有时可见空口吞咽，不时以前足抓头，大声号叫，流口水。后者病程较长，咽部疼痛，只引起中度的吞咽困难而不表现疼痛。

⑦咽麻痹。生病狗会丧失吞咽能力，采食后，咀嚼无力，咽下困难，吐出口外，饮水也不能咽下，虽然吸入口内，但从鼻孔流出。咽麻痹常伴有舌麻痹和食管麻痹。

⑧食管梗阻。由于食管梗阻部位的疼痛和压迫，引起强烈的吞咽和哽咽动。生病狗试图伸颈吞咽、张口伸舌、流涎，极为恐惧不安、转圈。有时会出现痉挛性咳嗽。停止采食和饮水，或者采食缓慢，有呕吐和哽咽动作。

（2）肠胃疾病

①急性肠卡他。最显著的症状是腹泻，一般发病最初就会发生腹泻，粪便恶臭，呈稀糊状乃至水状，随着病情发展，粪便混有黏液，组织碎片以及未消化的食物，有时混有血丝，将肛门周围玷污。严重时，由于频繁腹泻，肛门不随意张开，甚至发生直肠脱出。还会出现呕吐症状。食欲减退，饮欲增强。

②急性胃卡他。生病狗食欲减退或废绝。有时会出现异食癖、口臭和打哈欠现象。便秘，腹痛明显，两前肢前伸，喜欢躲在阴暗处。胃部敏感，疼痛。呕吐是主要症状之一，开始吐出黏液和胃液，有时混有血液，胆汁和黏膜碎片。由于呕吐，出现脱水症状，眼窝凹陷，皮肤弹性降低。

③慢性胃卡他。病狗食欲变化无常，消瘦、贫血、腹围缩小、口臭、呕吐，有时还会有腹痛现象。

④胃出血。重要症状是呕血，呕出鲜红色或黑棕色的血液。呕吐物有酸臭味，粪便呈恶臭的煤焦油状。情况严重的狗还会

出现四肢发冷，心跳加速，食欲减退或废绝，呼吸急促等内出血症状。

⑤胃扩张、扭转。狗突然发生腹痛，起卧不安，行动谨慎。腹部膨胀。脉搏增快，呼吸困难，多在24～48小时内死亡。必须要进行手术治疗。

⑥幽门狭窄。先天性幽门狭窄的症状是幽门遭受阻塞后，出现呕吐、便秘、胃蠕动强、营养不良等。

2. 外疾

这里所说的外疾，指的是因意外事故造成的病痛。

（1）中毒

狗吃了变质的食物、药品，或者是不慎吃到了有毒物质。症状是上吐下泻、抽筋、萎靡不振、哀叫，这时候最好能知道中毒的原因，带狗去医院时好告诉医生，做到对症下药。

（2）休克

很多人都会有带狗四处游玩的习惯，但在热天带狗爬山或留它在密封的车中，可能会导致休克。症状包括：气喘、脉搏加快、过度流涎、眼睛和牙齿发红、体温高，在极端情况下，更会出现呕吐。如果有这些症状，在它陷入麻木之前要赶紧替它降温。立刻让它洗个冷水澡，或以自来水喷洒全身。如果不能立即恢复，要立即将它送到兽医诊所治疗。

（3）窒息

狗非常容易因为吃了小东西造成梗塞，甚至死亡。当看到狗用力伸脖子，不停地用前爪抓嘴和脖子时，就可能是梗塞了，这时可以轻拍背部，帮它吐出来。如果无效就只能请医生帮助了。

（4）骨折

车祸、从高处跌落等是最容易导致狗骨折和脱臼的原因。两者的区别是骨折的狗会拖着断肢走，而脱臼的狗患肢不敢着地，会以三肢跳着走。主人要先对其进行基本的外固定，然后赶快送医院治疗。

（5）大出血

无论是外伤造成的大出血，还是内脏的大出血，对狗都是极其危险的。急救时要尽量先帮它止血，清除污泥，简单包扎后速送医院急救。

狗的传染性疾病知多少

传染性疾病的传播给狗的健康带来了极大威胁。身为狗的主人，肯定不希望自己的狗被病毒侵害，所以在这里给老年朋友们介绍几种狗常见的传染性疾病。

1. 犬瘟热

犬瘟热是犬科、鼬科和浣熊科动物的一种急性、热性传染病。本病传染性强、发病率高、传播广。

犬瘟热首先表现为上呼吸道感染，体温升高，食欲不振，倦怠，眼、鼻流出水样分泌物，在 1～2 天内转为脓性粘液。此后有 2～3 天的缓和期，体温趋于正常，精神、食欲有所好转。

此时应加强护理和防止继发感染，否则易继发肺炎、脑炎、肾炎和膀胱炎。以上呼吸道炎症为主的病狗，鼻镜干裂，角膜可发生溃疡和穿孔。肺部听诊呼吸音粗砺，有锣音，存在湿性或干性咳嗽。

2. 狂犬病

狂犬病，又称疯狗病、恐水症。是由狂犬病病毒引起的一种人和所有温血动物（人、狗等）直接接触性传染病。人一旦被含有狂犬病病毒的狗咬伤，死亡率是百分之百。

狂犬病的潜伏期长短不一，一般为 15 天，长者可达数月或几年。潜伏期的长短和感染的毒力、部位有关。

预防狂犬病的方法是：用灭活或改良的活毒狂犬疫苗免疫。其免疫程序是，活苗 3 ~ 4 月龄的狗首次免疫，一岁时再次免疫，然后每隔 2 ~ 3 年免疫一次。灭活苗在 3 ~ 4 月龄狗首免后，二免在首免后 3 ~ 4 周进行、二免后每隔一年免疫一次。

3. 犬传染性肝炎

犬传染性肝炎是由犬腺病毒 I 型所引起的犬科动物的一种急性败血性传染病，也是一种发热性的传染病。本病主要发生在小狗身上，会感染很多脏器，且最常攻击肝脏而引发肝炎。

4. 犬传染性支气管炎

犬传染性支气管炎，又称喘哮病，是一种复杂的呼吸道传染病；最常见于狗舍或动物医院，本病为犬呼吸道疾病的总称。它通过食入急性发病期感染动物的具有感染性肠道排泄物或尿液而感染。寒流、湿度过高及气候变化等环境因素，也是本病的诱发因素。

5. 犬副流行性感冒

由犬副流性感冒病毒所引起，患有犬副流行性感冒病毒，会

造成呼吸道的感染，引起卡他性鼻炎、坏死性支气管炎，是引起狗咳嗽的主要原因之一。

6. 犬冠状病毒肠炎

由犬冠状病毒所引起的传染病，是一种高传染性的肠道疾病。一般可依粪便、呕吐物、被粪便污染的食物或器具等传播，造成狗呕吐、下痢之出血性肠炎。

以上介绍的几种传染病只是一些常见的、会致命的病症。作为狗主人应该对此有所了解。为了保障狗的健康，您千万不要让它和"病狗"接触。

另外，倘若您的狗不幸患上传染性的疾病，不要让您的狗与其他的狗接触，对它排出的粪便和用过的东西一定要小心处理，做好消毒工作，以免传播病源。

如何照料病狗

众所周知，生病的狗比健康的狗需要更多的营养。比如发热的病狗，体温每升高 1 度，新陈代谢水平一般要增加 10%，这就意味着体内营养物质的消耗要高于正常的狗。

为补充狗的蛋白质，最好选用动物性蛋白质饲料，尽量减少食物中粗纤维的含量，补充足量的维生素和无机盐。除注意营养组成和含量外，还应注意食物的适口性。一般来说，病狗的食欲均不好，食物稍不适口，就会不吃。因此，要选择狗平时最喜欢吃的食物，定量地喂它。

另外，需要针对不同病症采用不同的食疗法。如有些疾病会引起唾液分泌减少或者停止，给食物的咀嚼和吞咽造成困难，应给它流质或半流质食物，同时提供充足的饮水。患有胃肠道疾病，尤其是伴有呕吐和下痢的疾病，会有大量的水分随排泄物一起排出，如不及时补充，将导致机体脱水。因此，对这类病狗要补充足够的水分，如大剂量静脉输液或令其自然饮水；给予刺激性小、易消化的食物，做到少喂多餐；减少食物中的粗纤维、乳糖、植物蛋白和动物结缔组织；增加煮熟的蛋、瘦肉等易消化、营养价值高的食物。对呕吐和下痢的狗，要在食物中添加维生素 B。

免疫接种让狗更健康

养狗都必须给狗做免疫接种，下面介绍一下免疫接种的过程和方法。

1. 疫苗的种类

目前使用的疫苗分为国产和进口两种。根据不同地区和疫病发生的情况可选择应用。一般采用六联疫苗，即狂犬病、犬瘟热、犬传染性肝炎、犬流感、犬细小病毒性肠炎与冠状病毒性肠炎 6 种病毒的细胞培养物，按一定比例加适量抗生素和保护剂冻干而成。在国内通常使用的还有犬七联疫苗、犬五联疫苗和单联狂犬病疫苗等。

2. 免疫接种的时间

幼狗最早在 28 日龄，即可接种二联活疫苗。如果选择进口疫苗，则连续注射 3 次，每次间隔 3~4 周；如果幼狗已达 3 月龄（包括成年狗），在不确定是否做过免疫注射的情况下则可连续接种 3 次，每次间隔 3~4 周；此后，每年接种 1 次疫苗。如果选择国产五联疫苗，从断奶之日起（幼狗平均 45 天断奶）连续注射疫苗 3 次，每次间隔 2 周。此后，每半年接种 1 次五联疫苗。3 月龄以上的狗，每年应接种 1 次狂犬病疫苗。

3. 注意事项

（1）注射前的身体检查

一般来说，注射疫苗对狗是没有危险的，但在狗身体欠佳的情况下注射会给狗带来生命危险，如以下情况就不适合接种疫菌：

①体质较差、营养不良的狗，最好先改善体质，加强营养，直到身体健康后再接种疫苗。

②狗发病时不能接种疫苗。由于疫苗反应会加重病情，也可能使疫苗不能产生良好效果。

③注射前与生病的狗接触过，需要全面检查后注射。

④怀孕的狗接种疫苗会导致流产和生命危险；产后半个月内的狗也不适宜接种。

⑤有外伤没有愈合的狗不适合接种。

总之，无论是初次还是每年定期注射疫苗都必须在狗身体健康的情况下进行。有任何不适反应，如：咳嗽、流鼻涕、呕吐、拉稀、精神不佳、体温升高或有传染病、慢性病、免疫病或肿瘤等都不能注射疫苗。

（2）注射后的问题

①注射后的狗出现体温升高、精神抑郁、食欲下降、疼痛等问题都属正常，一般2小时到3天就会没问题。

②如果出现全身瘙痒、面部肿胀，那就是过敏了，要马上到医院注射脱敏针。

③接种疫苗后10天内不要洗澡，以防机体抵抗能力降低。

④疫苗应采用同一品牌，不能在免疫过程中更换品牌，否则易导致免疫失败。

如何让狗顺从地吃药

生病了需要吃药才会恢复健康，那么，如何才能让狗顺从地吃药呢？

首先让狗坐好，让它张开嘴巴，把药片或胶囊用药匙或硬纸片送至狗的舌根处，迅速合拢嘴巴，将它的头抬高，抚摸它的脖子帮助它把药片吞下去。若看到它舔嘴巴了，就成功了。

如果狗任性又顽固，您可以先在药物中加入少量水，调制成泥膏状，直接将药涂于舌根部；或将药物调成稀糊状，用勺子倒入口腔内或舌根上，让它自行咽下。

如果是药水，可以用注射器来喂。注射药水时，要把药水注射到嘴里，不要射到喉咙里，以防药水进入气管，呛着狗。喂的时候，要用手扶住狗的下颌，直到把药水咽下再放手。

如狗不听话，就要强行灌下。一人抓住狗的前腿，掰开嘴巴，固定好上下颌；另一人手持注射器灌药。灌药的要领同上述所说。需要注意的是，经口灌药时，狗嘴不可高于耳朵，灌药的动作要慢。

狗得了厌食症怎么办

狗厌食时表现为对食物不感兴趣、采食速度减慢、采食量减少。

生理性厌食多出现在狗的换牙期、发情期、妊娠期及临产之前。一般无其他症状，其精神、体温、呼吸、大小便都正常。这时可以不必理会，或者使食物更适口就行了。若源于暴饮暴食、采食过多，或采食了不易消化的食物，可给狗口服助消化的药物，如多酶片、胃酶，同时禁食24～36小时。

疾病性厌食是疾病的初期症状，往往伴发其他症状，如发烧、呕吐、拉稀、咳嗽、腹痛等。对疾病性厌食，主要是对症治疗，帮助消化的药物只能起辅助作用。

那么，哪些因素会影响狗的食欲，又该如何应对呢？

1. 运动量可能影响食欲

没有足够的运动，也不需要消耗大量的食物，每天草草吃几口就完事了。这样的厌食症只要加大运动量即可。

2. 吃得少可能是成年了

很多第一次养狗的主人都会有这样的困惑：为什么我的狗

四五个月大的时候吃东西狼吞虎咽，成年之后竟然吃得还不如以前多，难道狗大了，胃反而小了？

当然不是胃变小了，狗在未成年之前，为了保证充足的营养，几乎是食来张口，对能塞进肚子里的东西来者不拒。当狗成年之后，骨骼、肌肉生长基本上完成，吃的分量也就减少了。所以狗成年之后吃少点不算是厌食。

3. 天气影响食欲

天气变化也会令狗厌食。在闷热潮湿的天气，狗对平常喜欢吃的食物也仅仅是点到为止。对狗粮这一类"干货"则碰都不碰。其实天气太热，狗是不会有太强的进食欲望的。但这并不代表狗不吃东西，而是它不打算在炎热的环境下进食。最好的解决方法是在炎热天气多给狗补充含糖和盐的水，将平常喂食的时间调整至天气清凉的夜晚或者清晨。

4. 心情影响食欲

如果主人在一段时间里面无故打骂狗，或者过于冷落狗，久而久之就会影响狗的食欲了。

预防狗腹泻的小办法

狗腹泻的原因很多，搞清原因，才能对症下药。下面我们就来看看哪些因素会导致狗腹泻以及相应的治疗方法。

1. 消化不良

单纯性的消化不良也叫溏便，小狗出现这种情况居多。小狗消化系统发育还不完善，而且还缺少许多消化酶，因此，很容易引起消化不良。狗消化不好就会拉稀，严重的会造成脱水，所以一定要认真对待。首先停饲料一天，24 小时后给它吃菜汤、稀饭等易消化的流质食物；可辅以健胃助消化的药物治疗，如乳酸菌素，胃酶合剂、食母生等。若拉稀便或水样便且混有粘液、血液，可口服庆大霉素、黄连素。脱水严重的可输入糖盐水、生理盐水，复方氯化钠。采取以上治疗措施并加强护理，2~3 日即可痊愈。

2. 寄生虫

寄生虫可能引起拉稀，如果在粪便中发现血丝，最好先去医院做个检查，再有针对性地用药。常用丙硫苯咪唑和左旋咪唑，口服，每 5 斤体重吃 1 片，每天 1 次，连吃 3 天，对蛔虫、蛲虫和钩虫有效。甲苯咪唑对蛔虫、蛲虫、钩虫、鞭虫和线虫有效。

3. 着凉

季节交替时候，很多狗有拉稀的现象。一般来说只要精神、食欲跟平时没什么两样便可以考虑是天气突然变化造成的，应适当给狗保暖。

4. 食物中毒、饮水不净

当狗发生腹泻，要注意观察它的精神状态和食欲。如果跟平时没什么区别，给它调理一下肠胃就可以了。

要是有发热和精神不佳的表现应该考虑是否是有炎症，幼狗甚至有可能患上了犬瘟这样的致命疾病，那就需要尽快入院诊治。

让狗远离感冒

感冒，是狗最常见的一种疾病，狗感冒了有什么样的症状、如何治疗，这些问题是主人最关心的，下面我们就来了解一下。

1. 感冒诱因

狗感冒的诱因有两种：一种是由病毒导致的病毒性感冒，另一种是由于气温突然变化、缺乏保温措施而引起的一般性感冒。在春、秋季节，天气忽冷忽热，稍不留意，就导致狗患上一般性感冒。至于病毒性感冒，狗患病较少。

2. 感冒症状

（1）精神沉郁，表情淡漠，眼睛半闭。

（2）食欲明显降低或废绝。

（3）耳尖、鼻端发凉，而耳根、股内侧则烫手。结膜潮红或有轻微肿胀，流泪。

（4）通常会咳嗽，流浆液性鼻液。呼吸明显加快，肺胞音增强，有的可以听到水泡音。脉博增数，每分钟80～100次，心音增强。

（5）体温升高，多在39℃～40℃以上，热型不定，常有恶寒战栗的现象。

尤其是4月龄以下的幼狗，由于免疫功能尚不健全，抗病能力低下，很容易感染传染病，而普通的受凉感冒又往往是一些传染病的前因。像犬瘟热、犬传染性肝炎、犬窝咳、支气管炎、传

染性气管炎等疾病的初期表现几乎都有咳嗽、打喷嚏、流鼻涕、发热、萎困等，与感冒很相似。若是将它们作为普通感冒治疗，吃点抗感冒药物，如感康、康泰克等，最多在短时间内能缓解发热、咳嗽等症状。但会延误治疗、加重病情，甚至令狗有生命危险。

因此，一旦发现狗有感昌症状；不能随便在家给它服点抗感冒药敷衍了事，必须尽早去宠物医院诊治，确保那些难治的传染病在早期得以控制。

让狗与皮肤病说拜拜

皮肤病是指被皮结构的炎症损伤，不仅影响狗的美观，而且对健康也是一种威胁。

1. 皮肤病的分类

狗的皮肤病可细分为细菌性、真菌性、病毒性、原虫性、寄生虫性等类型。

（1）细菌性

细菌性的以脓皮病为基本特征，轻重程度可按对皮肤损害深度划分；其主要症状是口唇、尾、阴门、阴囊发生急性皮炎，其表皮和毛囊破溃，粘膜和上皮角质层起脓疱，会损伤到皮下组织的就发展成真皮坏死病、厌氧蜂窝组织炎、毛囊炎和疖病。

（2）真菌性

真菌性的常见为真菌侵害皮肤表层。

（3）病毒性

病毒性的常见为肉毒病毒或是乳头瘤病毒侵害皮肤表层。

（4）原虫性

原虫性的常见为黑热病、巴贝吸虫病、肉孢子虫病对皮肤的侵害。

（5）寄生虫性

常见为疥虫和毛囊恙虫对皮肤的侵害。此外，跳蚤叮吸也会产生强烈瘙痒，会使皮肤被挠擦破而发炎。

（6）内分泌性

常见为甲状腺机能衰退、垂体侏儒症、糖尿病等引起的红斑狼疮。

（7）脱毛性

脱毛性皮肤病的病因是毛的生成机能障碍、毛囊营养不良、毛囊受损、毛囊变性和毛囊的周期性生长受阻。

（8）饮食性

此种与食物中缺乏维生素 B 族、维生素 A、铁、锌有关；其症状为脱皮。除此以外，食物过敏也会引发皮肤病。

2. 皮肤病的治疗

治疗狗皮肤病的各种药物，在体内的药理作用是不相同的。除了药物疗法外，还可用紫外线、激光等物理疗法。

（1）治疗皮肤霉菌病的主要药物是制真菌素和磺胺类，用它加上含有各种药理作用的成分制成制剂外敷非常有效。

（2）治疗皮炎可根据皮炎的病因、皮炎对药物的敏感程度，

以及皮炎的病变深度来选择药物的剂型。糖类皮质激素以及免疫调节剂也是治疗皮炎的药物。另外，维生素疗法对治疗皮炎也有重要意义。

总之，治疗狗的皮肤病，一定要根据各类皮肤病的不同病因而采用不同的方法治疗。

根除狗的"分离焦虑症"

"分离焦虑症"是指狗对主人过分依赖，是狗的"心理疾病"。

有的狗只要发现主人不在视线范围内，就变得很焦虑，所以，它常常跟在主人身边，寸步不离；有的狗可以忍受自己待在房间里，但它经常去查看主人是不是在家，然后才能安心地去别的地方玩。这种焦虑表现出来的行为有：踱步、流口水、哀泣、吠叫及破坏主人的东西等。更严重时，甚至会有自残的举动或破坏门窗跑出去。所以，治疗狗的分离焦虑症是非常有必要的。

1. 逐渐分离

为了帮助狗适应独处，应逐渐地与它分离。开始时给狗一点零食，然后离开，并关上房门，几分钟后再出现。虽然只是短暂的分离，但狗仍会非常兴奋。这么做是让它明白：即使主人不在身边，它还是可以安然过日子。之后逐渐拉长分离的时间，直到狗能够接受主人离开一两个小时而不受影响为止。

2. 多次离家

当狗能够接受主人离开一两个小时后，可试着离开家，看它有什么反应。开始训练时，一天内离开家可多达 20 次，最初狗会怀着极大的热情欢迎您回来，但逐渐它的热情就会慢慢消退，甚至懒得理您了。

3. 外出时，不要和狗拥抱

当您准备外出时，不要夸张地对着狗又哄又抱，只要告诉它出门即可，很快就会回来，要让它感觉主人离开并不是可怕的事情。

4. 给狗一些零食

出门前，喂狗一些可口的零食，尤其是那些和主人在一起时难得一尝的美味。如此一来，狗对美味的期待可能会胜过对主人的依赖。如能准备一些中间有洞的假骨头玩具，出门前将花生酱等狗喜食的东西抹在洞中，让狗花上几个小时啃咬，打发了主人不在家的寂寞。

5. 出门前，先让狗运动一番

出门前，可以先带狗外出运动一下，狗回到家里时消耗掉了大量体力，甚至累得只想倒头便睡，就不会有心思关注主人是否在家了。

6. 放些音乐

出门时，您可以放些音乐，分散狗的注意力，不要让它总把注意力集中在门外的动静上，或者把频道调在经常听的节目上，音量也要跟平常一样。这样，狗就不会关注主人是否离开了。

7. 给狗找个好伙伴

狗属群居动物，所以，只要能为它找个伴，就可大大减少它对主人的依赖。

别把狗留在阳台或车内

夏天天气炎热，是狗最易中暑的季节。有些老人习惯把狗放在阳台上，有车的朋友喜欢将狗带在身边，外出办事时，将它关在车内，这样做很容易使狗中暑。那么，如何预防狗中暑呢？

1. 居住环境

将狗安置在空气流通、避免日晒的地方，必要时给它吹电风扇或空调。

2. 大量饮水

在夏天最好给狗准备一只较大且不易打翻的水盆，以保证饮水充足。带狗外出的时间最好选在早晨或傍晚，尽量让它们在荫凉处玩耍。

3. 洗澡、剪毛

夏天要及时清理狗的脚底毛、腹毛，有助于散热。修剪长耳朵狗的耳毛，防止生螨虫。最好每周给狗洗澡、梳理，预防皮肤病。给狗洗完澡后，应先擦干不要将它放在阳光下暴晒。剪毛的时候，不要修剪得过短，因为适中的毛发可阻隔紫外线。

4. 保证食物的卫生

夏季气温高，食物易腐败变质，应现吃现做，最好是经加热处理后放凉的新鲜食物。

狗有中暑症状时，要先解开颈圈、胸带或其他包覆、悬挂在狗身上的物品。如狗只是流口水、急喘、躁动等轻度中暑，可先降低环境温度，将狗移至荫凉处，或给它吹电风扇、空调降温，再给予适量饮水即可逐渐恢复。如果呼吸已经困难、呈现呆滞状态，则要就近用冷水淋湿全身，或将它半泡在水中，然后送医急救。

当狗已重度中暑休克昏迷时，先用冰水淋湿或冰毛巾包裹全身，也可用酒精擦拭降温，或从肛门灌冷水入直肠，然后尽快送医。送医途中要将狗的头放低、伸直脖子，保持呼吸道畅通并防止呕吐。

狗身上的"不速之客"

作为狗的主人，除了为狗提供必要的食物外，还要投入更多的精力去关心它的健康。其中，狗的寄生虫就是容易忽视的问题，那么，狗身上会生哪些寄生虫呢？下面我们就来盘点一下。

1. 绦虫

绦虫形状像扁扁的面条，有片节，一片片呈长串，每片脱落之后，又会长出头部，死死地咬住狗的肠壁，向后慢慢长出一长串。如果在狗的粪便里看到像蛆一样会动的虫体就是绦虫。

2. 蛔虫

蛔虫寄生在肠道内，形状像橡皮筋，呈米色，这种寄生虫多是从母体垂直传染来的。患有蛔虫病的狗会有下痢、呕吐、

胀气等症状。所以，小狗最好在一个月大的时候就给它服用驱蛔虫的药。

3. 蛲虫

动物感染蛲虫后，会在胃及十二指肠内孵化，最后在小肠下段及大肠发育为成虫。当夜间动物熟睡后，因肛门比白天松弛，蛲虫就会爬到肛门周围产卵。一次可有数条甚至几十条蛲虫爬出，刺激肛门周围皮肤，使狗瘙痒难忍。

4. 钩虫

钩虫寄生在十二指肠内，体型细小，头部有细钩，咬住肠壁吸血，造成血便、黑便，以及贫血，检查狗的粪便，就可以发现椭圆形的虫卵。

5. 球虫

球虫寄生在小肠黏膜上及细胞内，引起下痢。这种虫子体型非常小，肉眼看不到，又多躲在上皮细胞内，所以非常难驱除。如果狗在成年之后感染球虫则不用担心，因为成年狗身体会产生相应的抗体来消灭它。

6. 鞭虫

鞭虫寄生在盲肠及大肠内，会造成下痢，形似马鞭。检查狗的粪便时，会发现椭圆形的虫卵，两端有小帽子。目前这种虫子已经很少见了。

7. 旋毛虫

旋毛虫多见于农村、牧区养的狗，城市中养的狗较为少见。旋毛虫寄生于横纹肌中，成虫在肠内交配，幼虫经肠系膜淋巴管入胸导管至右心室，再经肺转入体循环，随血流至全身。只有到肌肉中的幼虫才能发育、成长。

8. 弓形虫病

弓形虫病是人、畜和野生动物共患的寄生原虫病，它寄生在宿主的细胞内，终宿主是猫，中间宿主是各种动物。在猫体内进行有性繁殖，形成孢子体和卵囊。卵囊随猫粪便排出体外污染环境。被中间食主吞食卵囊后，子孢体在肠内逸出，侵入血液，再分布到全身各处，钻入细胞内进行裂体生殖，破坏细胞并严重致病。

弓形虫除经消化道感染外，也可经鼻、眼、呼吸道和皮肤、胚胎等途径侵入动物体内；病狗和带虫者的肉、内脏、血、排泄物、乳和流产胎儿、胎盘等物中带弓形虫；各种昆虫也可传播此病。

9. 心丝虫

心丝虫寄生在右心室及邻近的血管，靠蚊子媒介传染，形似细细的米粉，当狗被含有感染仔虫的蚊子叮咬之后，虫体随着血流，回到右心室成长。七个月后，长大为成虫，开始产下细小的仔虫，又随血液流动，遍布全身。

狗会因为心丝虫聚集的部分不同，会有不同的症状表现，如过多的虫体聚集到肺脏，形成阻塞，狗会容易疲倦，消瘦，咳嗽，运动一下子就气喘如牛；若虫体躲在供应心脏营养的冠状动脉里，很容易使狗的心脏承受不了而死亡。

10. 蠕形螨病

蠕形螨病也是狗常见的一种皮肤病，多见于5~6月龄的幼狗。蠕形螨寄生于皮肤的毛囊和皮脂腺内，从产卵到卵发育成幼虫乃至成虫均在其中。该病是由健康狗与病狗接触而传染。健康小狗身上常有这种螨存在，当机体抵抗力降低或皮肤有发炎或经常洗澡皮肤被浸软时，即可侵入并大量繁殖。

11. 疥螨病

疥螨病是由疥螨钻进宿主表皮挖掘隧道，虫体在其中生长繁殖。隧道有小孔，藉以通氧和为幼虫出入所用；幼虫也钻入皮肤、开掘小穴。其发育过程包括卵、幼虫、若虫和成虫四个阶段。

12. 跳蚤

跳蚤是一种外寄生性吸血昆虫，引起狗搔痒。

13. 虱

危害狗的主要是血虱和啮毛虱。血虱长 1 ~ 5 毫米，头窄，呈圆锥形，以吸食血为主；啮毛虱以食毛和皮屑为主，长0.5 ~ 10毫米，头比胸宽大。吸血寄生引起痒感和不安，有时皮肤出现小出血点，小结节，甚至化脓。

14. 硬蜱

硬蜱是吸血的节肢动物，寄生于狗的体表，损伤皮肤，造成狗痛痒、不安。雌蜱吸血，一次约0.4毫升。大量寄生会引起贫血。最严重的问题是蜱可传染疾病或作为中间宿主使狗患上某些寄生虫病。

定期为狗驱虫

寄生虫会严重影响狗的健康，会给其他病原体的侵入创造条件。更可怕的是，狗的绦虫、蛔虫等会侵害人类。所以，必须要给狗驱虫。

1. 如何判断狗有寄生虫

因大部分幼虫都寄生在肠道里，经胎盘或乳汁感染幼狗，由于幼狗肠腔细，寄生虫数量多、个体大，会造成幼狗食欲不振，消瘦，发育迟缓、便秘或腹泻、腹痛、呕吐、腹围增大，个别幼狗还可能引发小肠套叠，或者脱肛。严重感染可导致严重并发症而死亡。值得注意的是，成年狗的寄生虫感染一般呈隐性，即使没有在粪便中发现虫体，也应该按时驱虫。

2. 驱虫的时间

狗是否需要驱虫，要在检查之后再做决定。一般情况下，幼狗应每月进行一次检查，成年狗每三个月检查一次。如果检查结果呈阳性，就应根据寄生虫的类别，选用适当、高效、低毒的驱虫药进行驱虫。

如果没有条件进行化验，应在幼狗出生后20～30天进行第一次驱虫。然后每隔2～4个月再次驱虫。成年狗一般应每个季度进行一次驱虫。

3. 常用驱虫药

狗感染寄生虫的主要临床症状包括：食欲不振、消瘦、体弱多病、呕吐、拉稀、眼睑发白、贫血。下面就给大家介绍几种常见的驱虫药，根据狗的情况来用药。

（1）体外驱虫药

①大宠爱滴剂：赛拉菌素对体内和体外寄生虫有杀灭活性作用。

使用方法：用力向下按压管盖，刺透药管的密封处，移走管盖，给狗用药。将狗颈背后肩胛骨前部的毛发分开，暴露皮肤；使药管的尖端直接接触狗皮肤，挤压药管将整管药液挤到一处皮

肤上，不需要按摩用药部位。在使用此药物时，不得将药液用到破损皮肤上。

②福来恩喷剂／滴剂：福来恩兼具杀灭和防治跳蚤及壁虱的功能。

喷剂使用方法：

第一步，垂直握住福来恩，距狗毛发 10 ～ 20 厘米处逆毛喷淋，使全身被毛湿透。

第二步，按摩狗的全身以确保福来恩完全覆盖皮肤及被毛。

第三步，狗的腹部、胸部、颈部、尾部及脚部也要喷淋，但不要喷到狗的眼睛上，您可以先把药喷到布上，然后再擦到狗的脸部。

第四步，让狗的毛发自然风干，不能使用吹风机或毛巾擦干。

滴剂使用方法：

滴剂适用于所有体重的狗，每次一管，将狗肩胛骨间的毛发拨开后，将福来恩沿直线滴在皮肤上。

（2）体内驱虫药

①拜耳拜宠清

拜耳可以有效杀死肠道寄生虫，仅食一次，即可对抗所有寄生虫。此药可以直接喂食，不需要禁食，安全性高，但价格贵。

②汽巴驱虫药

汽巴能一次性驱除包括蛔虫、线虫及绦虫等在内的十三种体内寄生虫，适合任何年龄、怀孕及哺乳狗使用，安全可靠。早上将药连同少量狗粮给狗服食，约 8 小时后再让狗正常进食，其间让狗多饮水。这种药疗效好，毒性稍大。

4. 驱虫的注意事项

只有科学地驱虫，才能取得良好效果，驱虫时应注意以下几点：

（1）怀孕狗最好不要服用甲苯咪唑。如驱内寄生虫，可选用害获灭（伊维菌素），一次皮下注射即可。

（2）驱虫的间隔期和使用方法因驱虫药而有差别，需由兽医开药驱虫。

陪狗一起减肥

狗过胖时，身体的组织成分会发生改变，如因为脂肪过多，油脂会导致血液粘稠，可能会造成心血管类疾病。

1. 引起狗肥胖的原因

（1）食物过量

大多数人都采用"目测"或"感觉"来衡量，宁可多给，也不想让狗挨饿，结果狗经常吃得过多，很快就出现体重超标现象。

（2）选错狗粮

有些狗主人为了让成年狗能够摄取更多的营养、保养毛发皮肤，经常买幼狗的饲料给它吃。

（3）零食过多

除了正常饲料外，主人动不动"赏"给狗一点零食。积少成多，渐渐地狗就发福了。

（4）结扎

狗在经过某些手术后，也易肥胖，常见的就是结扎手术。公狗将睾丸摘除，母狗则是切除子宫和卵巢。手术后，狗在睾丸酮和卵巢激素分泌不足，明显影响到狗的新陈代谢，造成结扎后肥胖。

2. 如何给狗减肥

（1）饮食入手

狗减肥时，最重要的就是定时喂食，让狗免除饿肚子的恐惧！只要心理上有安全感，它就不会一次急着吃得太多。

除了定时喂食外，当狗在情绪不稳定的时候，也常常会出现暴食的状况，所以平时照顾狗时，要多加留意它的反应。

（2）运动巩固

为了让狗顺利减肥，可以提高狗的热量消耗，每天让狗适量运动，才能让它达到减肥的效果。对小型狗来说，在身体状况稳定下，每天早晚应该各有一次20分钟的散步；对大型狗而言，每天应该维持两次30～40分钟的散步。

（3）心理促进

除了正确的饮食和固定运动外，还要注意狗身处的环境、心理因素，免得主人即使严格执行减肥计划，狗还是有办法找到可吃的东西。

给狗补钙的正确方法

很多老人都知道，老人补钙可以防止骨质疏松，同样，也要记得给狗补钙，而且要科学补钙。下面就为大家普及一下给狗补钙的相关知识。

1. 狗缺钙的原因

狗缺钙的原因主要有以下几种：

（1）食物中钙含量充足，但狗吸收功能差，如肠炎、食欲不好等，都有可能导致狗因为吸收不好而缺钙。

（2）狗体内钙的转化不好，使钙排出而缺钙。

（3）食物中钙含量不够。

2. 缺钙的表现及危害

狗缺钙表现为肌肉无力，软骨，或"O"型腿等。幼狗如果钙元素补充不足，会出现肋骨外翻，前肢腕关节、肘关节变形，小型狗容易出现"O"型腿，而大中型狗会引起前肢严重变形。如果发现不及时，治疗不得当，还有可能引起永久性的趴爪或跛行。

3. 哪种狗需要补钙

钙质对狗十分重要，但并不是所有的狗都适合补钙，如狗妈妈奶喂养的小狗就无需补钙，因为它们可从母乳中获得大量的钙质。在幼狗断奶后，饲喂幼狗粮的迷您型狗和小型狗也无需补钙，

因为幼狗粮中都含有适量的钙质。需补钙的狗主要有以下几种：

（1）老年狗。其中的道理就像老人需要补钙一样。年纪大的狗由于生理机能的退化和疾病的影响，对钙的吸收能力降低了，因此体内钙质流失严重，影响了骨骼的强度。

（2）生产后的母狗。由于母狗生了若干个幼崽，还要母乳喂养，对钙质的需要量就会急剧增加，而在母狗的日常饮食中又无法提供那么多钙质，这时就要额外增加钙的摄入。

4. 补钙方法

（1）吃狗粮或者狗罐头。

（2）之前提及的需要补钙的狗需要在饮食中加钙粉，至于用量可遵医嘱和钙粉使用说明。

（3）补充钙质要和晒太阳以及适量的运动相结合，这样才会吸收利用得更好。

另外，动物肝脏或肉类中含钙量低，维生素 A 过高，若长期食用可抑制钙的吸收。因此，应减少肝脏的摄入。

5. 适量补钙

如今的生活条件好了，主人对狗也格外关照，有的主人总是不停地给它吃钙粉，结果导致钙量过多。不要以为只有缺钙才会生病，补钙过量同样会对狗的身体造成伤害。

体内钙质过量不仅不会被身体吸收，还会导致很多疾病。比如，髋关节结构不良症、肥厚性软骨发育不良症、分割性软骨炎、前肢桡呎骨的变形等。此外，还有非骨科相关疾病例，如结石、心血管疾病、皮肤钙质沉着症、肾脏疾病等等。

请考虑为狗做绝育手术

很多养狗的老人都有这样的烦恼：该不该给狗做绝育手术呢？一是担心狗的健康，二是不忍心。但不可否认的是，绝育手术绝对是利大于弊。

1. 给狗做绝育手术的理由

（1）绝育可避免动物因性挫折而制造各种问题，如：咬人、破坏家具等。绝育可帮助动物克服这些问题。

（2）免除对自己或它人的困扰。如：母狗发情时引来不少公狗随处便溺、打架等。

（3）手术可避免某些疾病的发生，如子宫蓄脓、卵巢囊肿等问题。

2. 给狗做绝育手术的时间

一般来说，雄狗在七八个月大时做手术较适合。而雌狗最好是在它第一次生理循环之后再做绝育手术。

3. 给狗做绝育手术的注意事项

给狗做绝育手术，除了考虑选择合适的时间，还需注意以下问题：

（1）时间安排。安排一个主人比较清闲的时间段，便于术后有时间照料狗。

（2）手术前需禁食、禁水6～8小时，以免手术中或术后

呕吐时异物呛入呼吸道。

（3）手术后不要急于让狗进食。麻醉后肠胃蠕动慢，若急于进食可能出现肠胃炎。

（4）手术后不要做剧烈的运动。

（5）伤口完全愈合需 10 ~ 14 天，在伤口未愈合之前不要洗澡。

（6）在伤口愈合过程中，如果发现伤口有血水渗出，可能是伤口崩开，要到医院复诊。

狗的急救常识

带狗出去玩，万一狗出了"状况"怎么办？作为主人，有必要学一点狗急救方面的知识。下面就把狗经常遇到的"状况"以及如何急救，做一个简单介绍。

1. 脚碰伤

如果大量流血，要用亚麻布或棉毛制品把狗的脚包裹起来，并用绷带紧紧绑好，然后带它去看兽医。

2. 蛇咬

首先把毒液从狗的伤口挤出，如已将蛇杀掉，最好一同带往兽医处，方便兽医选择血清。

3. 抽搐

小心观察狗，阻止狗咬自己的舌头。假若狗的气管被异物阻塞，切勿在狗有知觉的情况下贸然将手伸入它的口中。

4. 车祸

如果目击事件发生，应记住狗被撞的部位，以及被撞的力度。如果狗的脊椎受伤，应小心把它滑至木板上。若它呼吸困难，可替它进行心肺复苏。留意狗出血的情况，在明显出血处冷敷压迫止血，然后去求诊。

5. 眼睛受伤

狗的眼睛突然疼痛或一直睁不开，要仔细寻找明显的异物，特别是玻璃碴等，然后小心取出异物，也可以用干净的温水给它清洗眼睛，将异物冲掉，然后带它看兽医。如果不能马上就医，可向它的眼睛里滴几滴医用橄榄油作为急救手段。在此过程中，不能把狗放在过于明亮的环境中，不能让狗爪揉受伤的眼睛或用东西蹭眼睛。

认领一只适合您的狗

吉娃娃——小巧玲珑的狗

吉娃娃是小型狗种里最优雅的品种之一，因体型娇小而广受人们喜爱。目前，有很多老人饲养吉娃娃，这种狗在饲养和管理上要注意以下几个方面：

1. 食物方面

吉娃娃在食物方面没有太大的要求，每天只需喂 60 ~ 90 克的新鲜肉类；体型较大的吉娃娃，每天也只需供给 150 克左右的肉类，外加数量不多的饼干和蔬菜。

在喂养方面，需要特别注意两点：一是吉娃娃不耐寒，所以，喂的食物要以温热为宜，肉类应先煮熟、切碎，拌上干粮用温开水调和后再喂狗。二是吉娃娃虽然饭量小，但新陈代谢快，容易饿，所以，要少食多餐。幼狗时一天喂食 3~5 次，约三个月大以后，如果出现对每餐的食物都有吃不完或有一餐不想吃的情况，就改成一天喂三次。长到六个月大时，每天减到两餐即可，直至到成年。

2. 环境方面

吉娃娃体型小，对生活空间的要求不高，因此也不适合在户外饲养的，因为太热或者太冷都会让它生病。在冬天带它外出时，主人要为它穿上毛线编织的或绒布制成的罩衣，使其不致因受寒患病。

3. 卫生方面

至少一个月要给吉娃娃洗一次澡，长毛吉娃娃清洗的次数要更多。此外，还要经常用软毛刷梳被毛，再用丝绒布擦拭使之光亮。吉娃娃的趾甲长得很快，且尖细，需要定期修剪。眼睛和耳朵也应每周用 2% 的硼酸水清洗擦拭。

4. 接种疫苗

在吉娃娃出生 50 天左右时，应注射疫苗，预防急性传染病。第一年要注射三次，每次间隔 21 天，以后每年注射 1 次。满三个月时，应该为它注射狂犬病疫苗，每年 1 次。下一年注射疫苗的时间应比上一年提前一个月左右，避免在上一针疫苗即将失效时，发生意外。

博美——贪玩的小家伙

博美狗属于小型玩赏类品种，体型娇小，形似一团火球，非常讨人喜欢。这种狗的饲养要求较高，所以，老人有必要了解和掌握博美的饲养常识。

1. 食物方面

在喂养博美狗时，有以下几个细节需要注意：

（1）固定时间、固定地点进行喂食

在喂食博美狗时，要固定时间和地点。每天要为它准备一些干净的水，让它随时都可以喝到，在它吃完之后，就要把食盆端走，

以免一会儿再来吃。

（2）应喂高热量肉类食物

博美狗在幼狗时期，为了满足发育的需要，必须让它吃下尽可能多的高热量食物。因此，可以把肉类中的脂肪部分剔除后喂它，也可以少喂些肉糜等含脂肪较多的食物。

2. 梳理打扮

博美狗非常好打理，不进行任何修剪也很漂亮，不过，最好还是应该给它修剪一下脚部、肛门周围的毛，这样看起来就更干净了。

（1）博美的胸部和尾部的毛量都很大，尾毛上翻。它的被毛分为两层。在梳理的时候，要一层层地梳理，先把上层的被毛翻起，然后对其底毛进行梳理。

（2）适当修剪耳朵的毛，让小耳朵更加明显地立起来。修剪耳部被毛时应注意观察它耳朵内部是否有耳垢，如有，就用棉签蘸上专用的护理液进行清洁。

（3）博美狗的尾根高且臀部的毛量很大，在排便时很容易沾上粪便。因此，尾部在修剪成弧形的同时还要剪掉一些肛门周围的尾毛。

（4）博美狗的四肢短小，脚部的毛常时间不修剪会长得很长，易沾灰，所以也要不定期修剪。

3. 眼睛护理

（1）清洗眼垢

博美狗的内眼角经常会积聚少量眼垢，为了保护眼睛，要及时清理。擦除眼垢时宜用蘸有 2% 硼酸水的湿棉球，如果没有硼酸水，也可以用灭菌生理盐水代替。

清洗时，首先用不带针头的注射器或眼药水瓶将洗涤液轻轻注入眼裂部，然后用消毒的干纱布及时吸干流出的硼酸水。注意，擦除眼垢时，不能直接用干毛巾擦，更不宜用不清洁水直接冲洗眼部。

（2）修剪眼睫毛

长眼睫毛固然美丽，但出现倒睫毛，眼睛就会不停流泪，因此平时要注意眼睫毛的修剪。

蝴蝶犬——最热情温顺的狗

蝴蝶犬具有很强的适应性，所以，是一种容易饲养的品种。

1. 住所要求

蝴蝶犬喜欢干净、舒适的窝，如果发现它对窝不满意，要及时更换。

在给狗换床垫时，将原先垫过的干垫布放在下面，再加新的垫布，这样有它的味道，它会更愿意在自己的窝中睡觉了。

2. 食物要求

饲养蝴蝶犬应重视其养分的摄入，每天应供给 150 克左右的新鲜肉类食品，还应给予无糖或低糖的硬饼干，以及清洁的凉开水。

3. 运动要求

蝴蝶犬爱活动，喜欢跟着主人外出散步，并总是绕着主人跑

动。适当的运动量，有助于其消化吸收，增强体质。

4. 美容要求

蝴蝶犬是一种十分标致优雅的小型长毛狗，需要经常打理，比如，每天用猪鬃毛刷梳理长毛。

天气冷时，每隔四五个月洗一次澡就可以，但炎热的夏天至少要一个月洗一次。由于这种狗每年会换一次毛，所以不用为它修剪绒毛。此外，对其趾爪要及时修剪。

5. 繁殖和玩伴要求

如果给蝴蝶犬配种繁殖，不可用其近亲，否则就会失去优美的体态及被毛的优美特征。由于蝴蝶犬极爱玩耍嬉戏，最好能饲养两只，让其有玩伴，也能减轻主人的负担。

约克夏——"上流贵妇人香闺"般的魅力

约克夏迷人又聪明，个子虽小，却勇敢、忠诚又富有感情。一身华贵的的毛发如同女王的霞帔，十分美丽。很多老人都被约克夏美丽的外表和性情温婉的特点所吸引。下面我们就来说一说如何照顾好美丽的约克夏吧！

1. 饲养管理

约克夏犬以肉食为主，每天需 200 ~ 250 克的肉食，外加适量含糖的素食。具体要求主要包括以下几点：

（1）随时给约克夏喝水，且要常换水。平均每公斤体重每天消耗水至少 60 毫升，而约克夏的幼犬、哺乳期犬及工作犬在炎热气候时消耗的水更多。

（2）幼狗每日酌情喂 2~4 次；1 岁以上的，每日喂 1 次。

（3）对幼小的约克夏，不要给它吃零食，更不能给它吃硬的食物，以免损伤它的牙齿。

2. 运动锻炼

约克夏的运动量不宜过大，平时在房间里走走就可以了。主人若带它外出，最好提一只小篮子，垫上泡沫塑料，让它坐在里面。

3. 打理毛发

由于约克夏额上的长毛向下垂披，易把眼睛遮住，可把额上的毛分开，在两旁各打一个小结。对后脚趾下过长的毛，可以剪去一些，免得妨碍行走。前趾上的毛不可修剪，还有嘴周围的毛也不能修剪，因为剪去之后就很难再长出来了，影响美观。

4. 清理耳朵

约克夏耳朵的卫生非常关键。这种狗的耳道被丰富的耳毛覆盖，不经常清理易产生污垢，且有异味，严重了还会引起耳螨。如发现约克夏经常甩头，用爪子抓耳朵，表明它耳朵不舒服，需要清理。

先用酒精棉球将外耳道擦拭干净，观察一下耳内是否有污垢物。如果有，就用棉棒轻轻擦拭，如果污垢较硬，难以擦拭，就不要插得太深，以免伤到它的内耳；然后用宠物专用滴耳油向耳内滴两滴。盖上耳朵轻轻按摩耳朵 1 分钟，硬的耳垢会变软，可以用棉棒擦拭出来。

耳部清洁要坚持一星期 1 次。如耳朵已经开始红肿，异道浓重，耳垢非常多，就要每天清洁一次，坚持三天就会有明显好转，

以后可逐渐减少次数至正常频度。

贵宾犬——最华丽、端庄的狗

不少老人都被贵犬的活泼可爱、机警灵敏的气质倾倒，仿佛贵宾犬有着与生俱来的优雅，让人难以抗拒。照顾这样高贵的狗，需要付出的精力更多。

1. 饮食方面

贵宾犬按体型大小分为标准型、迷您型、玩具型三种。对于老人来说，饲养更多的是迷你型和玩具型。在喂养贵宾犬时，应注意以下几个方面：

（1）贵宾犬不同年龄段喂养次数是不同的，从断奶到 2～3 个月时，应每天 3～4 次，如果时间宽裕的话，4 次最佳；3～6 个月时，每天 2～3 次，3 次最佳；7 个月～1 岁以后，每天 2 次；1 岁以上因狗而定，每天 1 次也可。

（2）如果是购买成袋的狗粮，按照外包装上的体重、年龄、体型分列的喂食量列表喂食即可。如果不确定这个量是否合适，可以观察狗的粪便，大便能够成条形就说明喂量适中，如果稀不能成形，就要减量。

（3）要常为贵宾犬备清水。如果贵宾犬已经换完恒齿，可以给它啃猪、牛的大骨头磨牙，有助于清除牙垢。

2. 美容护理

贵宾犬的毛蓬松、卷曲，所以，需要经常梳理，防止打结，并且要经常修剪以保持漂亮的卷度。

需要特别注意一点，贵宾狗眼睛周围的毛要仔细进行修整，以免毛太长伤害眼睛。

3. 日常照顾

贵宾犬照顾起来比较麻烦，应该注意以下几个方面：

（1）贵宾犬害怕寂寞，喜欢和人相处，如果主人没有充足的时间陪它，最好给它找个伴，不然它很有可能得抑郁症。

（2）贵宾犬很喜欢水，您最好把后躯毛剪去，以防止身上的毛沾水。

（3）贵宾犬喜欢运动，应每天保持一定量的户外活动，每次40分钟即可。

（4）平时要加强对被毛的护理，每天用软钢丝刷为它刷毛，每月修剪一次，还要定期洗澡。

（5）贵宾犬的耳道里毛很浓密，不通风，易得病。一般宠物医院会使用小号的弯头止血钳拔毛。拔毛后，用棉棒或用止血钳夹上药棉滴点滴耳油，清理外耳道和内耳道。

雪纳瑞——善于讨好人的狗

雪纳瑞是唯一在梗狗类中不含英国血统的品种，分为标准雪

纳瑞、迷你雪纳瑞、巨型雪纳瑞三个品种，针对老人的身体特点，比较适合饲养前两个品种。雪纳瑞有着充满个性的外型，精力充沛、活泼可爱，令爱狗人为之倾倒。

1. 饮食方面

雪纳瑞的喂养很重要的一点就是不能给它太多的肉吃，否则，容易引起皮肤病。可以经常喂它米饭，有利于消化系统的健康，而且能使毛发发亮。尤其是小狗刚抱回家时，要为它准备些粥类食物，以清淡易消化吸收为佳。再逐渐地搭配幼狗狗粮给雪纳瑞食用。

幼年的雪纳瑞要少食多餐，每日喂食 4 次，每次的食物不宜过多，也不要给它喂食过冷或过热的食物，以免伤害它的口腔和肠胃。必要时可以在食物中添加一些维生素、钙粉等营养素，以保证对营养的需求。

雪纳瑞一岁以后，可一天喂会一次，喂食时间最好在晚上。另外，时刻都应备有干净、新的水。

2. 梳理

雪纳瑞的毛分为绒毛和刚毛，绒毛主要分布在脸部、四肢及下腹部，刚毛主要分布在背部和颈部。幼年时的雪纳瑞全身覆盖的都是绒毛，在它六个月大的时候，需带它到专业的美容店拔毛。

另外，还需要经常梳理被毛。梳理方法是：第一步，先将皮毛用低盐水擦扫，除去灰尘；第二步，用一只手将毛压住，轻轻地一部分一部分地向头的方向刷；第三步，从头开始，有系统地梳向尾部；第四步，把毛从尾部向头的方向刷。

在梳理过程中，要注意几个问题：

（1）要轻柔地梳理胸部和身子下面的毛。

（2）耳朵后面和前肢下面的毛容易打结，所以梳理时要特别当心。

（3）短的腿毛也要梳理。

（4）检查耳朵是否干净，如果不干净，可用湿毛巾轻轻擦拭。

（5）雪纳瑞每年会脱两次毛，而且在成年时会严重脱毛。当雪纳瑞脱毛时，就应更频繁地梳理。

3. 日常护理

要想雪纳瑞拥有迷人的魅力，在日常护理时，要注意以下几个问题：

（1）雪纳瑞不能频繁洗澡，每月不超过三次。

（2）雪纳瑞的胡须会变黄，主要是由经常流口水、错误的饮水习惯，以及经常性的食用湿度较大的食物造成的。建议使用饮水器喂水，尽量食用干狗粮。

（3）雪纳瑞在出生后第二天即可断尾，家庭饲养可选择正规的宠物医院进行手术。

北京犬——勇敢与高贵的化身

北京犬又称京巴或北京宫廷狮子狗，是一种著名的玩赏狗。传说，北京犬从秦始皇时代一直到清朝，一直作为皇宫的玩赏狗，除了皇宫和王公大臣可以饲养外，平民百姓是不准饲养的。现在，北京犬已成为很多老人的最爱。

1. 食物要求

北京犬较贪食，一定要掌握好喂食的量，养成其良好的进食习惯。每天喂适量的蔬菜、面包、饼干等素食外，素食中最好加点奶粉、钙粉和复合维生素研碎的粉末，同时给它喝点凉开水。还需上、下午各喂一次 150 ~ 250 克的熟瘦肉或小虾、鱼肉。

2. 清洁卫生

北京犬身体上覆盖着浓密的被皮，为了保持美观和清洁，需要每天梳理一次毛发，5 ~ 10 天干洗一次；每隔 3 ~ 4 个月洗一次澡。犬其是在夏天，每隔一星期就应洗一次。同时，每周都要清洗牙齿，彻底清除口腔中的异物，保持口腔卫生。

另外，北京犬的眼球大，与外界接触的面积也大，易感染细菌，发生角膜炎或角膜溃疡。为防止角膜感染，可用 2% 的硼酸水每天或隔天洗 1 次，以保证眼睛健康。

3. 日常护理

北京犬比较娇气，抗病和抗御恶劣环境的能力不强，所以，在平时的护理中要格外注意，不能让它染上疾病。在护理时，要注意以下几个问题：

（1）北京犬属于阔面扁鼻狗，易缺氧，天气闷热常会导致呼吸困难，所以，天气炎热时不要让它在烈日下活动，必要时应为其降温或移到通风凉爽处。在天气忽冷忽热时，要预防感冒。另外，这种狗在室温高的环境中生活容易脱毛，应让它在温度较低的环境中生活。

（2）北京犬活泼好玩，但它呼吸道特别短，所以不宜进行过于剧烈的运动。最好在早晨和傍晚带它出去散步。

（3）北京犬鼻子短，眼睛是脸上最突出的部位，在和长嘴巴的狗玩耍时，一定要注意保护眼睛。北京狗脸上的八字部位褶皱多，眼泪向下流，鼻涕向上喷，如果不勤于清理，就会影响狗的美观。清理时，需要把所有的褶子都翻开，通风，晾干。

（4）北京犬的脊椎结构特点使它容易发生椎间盘脱出症，雄性常见于2岁半到4岁半，雌性则在3岁半到5岁半。主要表现为脖子发硬，头部不能自由活动，迈大步困难，前半身疼，躺下时有困难，肚子硬，尾巴不能摇，后腿发软。

预防椎间盘脱出症，一要避免剧烈运动，不要在它幼年的时候就教它跳跃、爬楼梯、作揖等。二要及时补钙，如小狗肋骨外翻，胸骨上移，罗圈腿，换牙有困难，就要抓紧给它补钙了。三要避免给它吃一些动物肝脏，否则会导致缺钙。

小鹿犬——有着强烈自尊心的狗

小鹿犬因形态似鹿而得名。该狗活泼好动，行动敏捷，走起路来昂首阔步，深受老人的喜爱。

1. 饮食方面

喂养小鹿犬时，要根据它的各个生长阶段，采用不同的喂养标准。

（1）在它刚断奶到3个月大时，每天喂食4次。早饭和午饭应包含适量的幼狗营养添加物，加入一杯热水或者肉汤。在傍晚及睡觉前，应该将蒸馏牛奶和温水按1：1混合喂食。

（2）当幼狗长到3~6个月时，喂食次数应为一日3次，将两次牛奶改成一次肉类及营养添加物。如果它高兴地将盘子舔干净，而且身体重量没有增加，说明这样的喂食量非常合适。若看起来有些圆胖，应略减少喂食量，以免四肢负担过重，出现松垂的条纹。

（3）小狗到6个月大之后，可以一天喂食一次再加上一份点心，或早晚各喂食一次。若一天只喂食一次，正餐的时间在下午两点左右为宜。

2. 清洁卫生

小鹿犬毛坚硬而短，光滑而有光泽，作为家庭宠物不需要美容，但要用去污力强的优质香波清洁，每周定期清洁眼睛和耳朵，重点是定期剪趾甲，使脚显得更紧凑。

因为小鹿犬爪子较细小，趾甲比较紧凑，洗澡后水气积在里面，易滋生细菌，引发皮肤病，也容易生寄生虫。所以，爪间的缝隙也一定要吹干。

3. 日常护理

在日常护理时，以下几个方面是需要格外注意的：

（1）小鹿犬四肢细长且喜欢蹦跳、易发生扭伤或骨折。为了避免受伤，要从小进行训练，禁止它跳到凳子、沙发、桌子和床之类的地方。

（2）小鹿犬被毛较短，抵御寒冷的能力较差，所以，在天气寒冷时要给它穿上衣服保暖。

（3）小鹿犬对领地有较强的保护欲望，且较神经质，对侵犯它领地的陌生人或狗有较强的攻击欲。所以，让它与其他品种的狗生活在一起并不是一件容易的事情。

（4）小鹿犬生性活泼好动，喜欢上窜下跳，更喜欢钻到角落里找东西。如果您家里有贵重物品，一定要把它收好。

（5）小鹿犬喜欢有人陪伴。当它感到被冷落时，可以连续叫上两个小时。

所以，在饲养小鹿犬之前，应该认真权衡自己的精力。

斗牛犬——"我很丑但我很温柔"

斗牛犬，虽有凶悍的外表，但性情非常善良，并且因其独特的品格与风采，被赞誉为"丑陋中散发出强烈的美感"。这种狗之所以非常适合老人喂养，是因为它很安静。

1. 饮食方面

喂养斗牛犬要注意以下事项：

（1）前4个月，应该保证每天4餐，用温水将狗粮按1：1稀释，可填加一些酸奶和软性奶酪，这有利于消化和骨骼生长。

（2）4～6个月期间，每天3餐；6个月后，可减少为每日2餐。当然也可以每天三餐。

（3）斗牛犬在6月龄之前，尽量不要限制食量。如果营养跟不上，它的身体发育就会受到影响。

（4）应为斗牛犬准备干净的水，并为它补充维生素，在8个月之前尤其要重视补钙。

（5）斗牛犬成年以后，其饲料的构成不能完全依赖狗粮，

而应该是狗粮与自加工的食品搭配喂养。

（6）斗牛犬消化系统十分脆弱，吃了压缩狗粮后会出现打嗝或者呕吐现象。另外，也不能给它吃鸡骨、鸭骨。

2. 清洁卫生

平时做好斗牛犬的清洁卫生工作也是很重要的。根据斗牛犬的皮毛类型不同，每周梳毛次数也不同。短而顺滑的毛，一周梳理两次就行了，对于长而顺滑的毛则需要每天梳理。介于二者之间的则可以根据需要每周梳理 3 ~ 5 次。另外，斗牛犬的耳道很易积聚油脂、灰尘和水分，应每个星期都为其清洁耳道。

3. 训练

斗牛犬天生就非常厌恶被人牵着走，所以，牵引训练开始得越早越好。平时带它出门的时候，一定要使用牵引绳，因为斗牛犬脾气很犟，只要是发现让它感兴趣的东西，便会跑过去。

如果斗牛犬不听话，您一定要严厉地批评它，当然也可以对它进行体罚。若是小狗，可以拎后颈皮或者是用报纸卷成筒打。5 个月之后皮粗肉厚，可以直接打两下。若还不乖，可以先饿一顿，关禁闭也是一个方法。倘若它能够及时改正错误，要及时表扬它，并给予食物奖励。